はじめてでもできる！

LINE株式会社・著

LINEビジネス活用
【公式ガイド】

インプレス

著者プロフィール

LINE株式会社

家族や友人・恋人など、身近な大切な人との関係性を深め、絆を強くするコミュニケーション手段として、2011年6月にコミュニケーションアプリ「LINE」のサービスを開始。「CLOSING THE DISTANCE」をコーポレートミッションに、世界中の人と人、人と情報・サービスとの距離を縮めるため、さまざまなサービス・事業を展開中。

本書に掲載されている情報について

本書は2021年11月中旬時点でのサービス内容をもとに制作しています。

「LINE」はLINE株式会社の商標または登録商標です。その他、本書に記載されている製品名やサービス名は、一般に各開発メーカーおよびサービス提供元の商標または登録商標です。なお、本文中には™および®マークは明記していません。

はじめに

　コミュニケーションアプリの「LINE」は2011年6月に誕生して以来、「世界中の人と人、人と情報・サービスとの距離を縮める」というミッションのもと、国内外、通信キャリアを問わず、ユーザー同士で音声、ビデオ通話、チャットなどが無料で楽しめるサービスを提供しています。現在、国内の月間利用者数は8,900万人に上り（2021年9月末時点）、うち約8割のユーザーに1日に1回以上、LINEをご利用いただいています。

　この10年の歩みの中で、私たちLINEは企業・店舗の皆様のビジネス成長に寄与すべく、LINE公式アカウント、LINE広告をはじめとする多数の法人向けサービスを提供してきました。

　総務省がまとめた「令和2年版 情報通信機器の保有状況」によると、世帯におけるモバイル端末の保有状況は96.1%となっており、うち83.4%がスマートフォンとなっています。スマートフォンの普及に伴い、オンライン情報をもとに商品・サービスの検討や購買を行うユーザー行動が一般的になりました。これを受け、集客や販促に関する施策をデジタル化する動きは、大企業のみならず中小企業や店舗にも広がっており、この傾向は2020年以降、新型コロナウイルス（COVID-19）の感染拡大により加速しています。

　ビジネスに影響を及ぼす外部環境がスピーディーに変化する中、本書は「自社の集客や販促にLINEを活用したい」と考えるすべての皆様に向けて、LINEの法人向けサービスの活用ノウハウをまとめています。

　LINEのサービスをすでに利用している事業主様はもちろん、今後、デジタル化を進めていく事業主様にも分かりやすいよう、LINE公式アカウント、LINE広告などの活用ノウハウを目的別に整理しました。さらに、サービスに関する豊富な知識と運用経験を備えた認定講師「LINE Frontliner」、実際にLINEをご利用いただき成果を上げている企業・店舗様の事例も収録。現場でLINEを運用する方が、基本から応用まで体系立ててサービスを理解できる内容となっています。

　また、LINEが新たに提供する「マーケティングでのデータ活用」を目的としたサービスに関するコラム、テクノロジーの進化とともに変わっていく広告事業についてのLINE社員インタビューも含んでいます。経営者やマネジメント層にも、ぜひ手に取っていただきたいと考えています。

　本書を通じて、企業・店舗の運営に携わる皆様が、それぞれの課題解決につながるヒントを得て、ユーザーとの関係性を強化するきっかけになれば幸いです。

2021年11月　LINE株式会社

目次

著者プロフィール	002
はじめに	003

イントロダクション 015

LINEの基本機能	016
LINEユーザーの属性	018
LINE公式アカウントの特長	020
LINE広告の特長	022
本書の読み方	024

活用ノウハウ①
導入・認知獲得編 025

Q.01 LINE公式アカウント、LINE広告／使い分け
LINEをビジネスにうまく活用するにはどうしたらいい？ ⋯⋯ 026

Q.02 LINE公式アカウント、LINE広告／利用の開始
LINEの法人向けサービスはスマホだけでも運用できる？ ⋯⋯ 028

Q.03 LINE公式アカウント、LINE広告／LINEビジネスID
LINE公式アカウントとLINE広告を始める方法を知りたい。 ⋯⋯ 030

Q.04 LINE公式アカウント／利用の開始
個人アカウントをLINE公式アカウントに移行できる？ ⋯⋯ 032

Q.05 LINE公式アカウント／利用の開始、料金プラン
予算がないので、まずは無料で
LINE公式アカウントを始めたい。 034

Q.06 LINE公式アカウント／料金プラン
オンシーズンとオフシーズンで料金プランを変更したい。 036

Q.07 LINE公式アカウント／アカウント種別
アカウント名の横についている「バッジ」は何？ 038

Q.08 LINE公式アカウント／プレミアムIDの設定
分かりやすい文字列のIDにしたい。 040

Q.09 LINE公式アカウント／権限の設定
複数人でLINE公式アカウントを管理したい。 042

Q.10 LINE公式アカウント／プロフィール
LINE上で店舗の基本情報をユーザーに知らせたい。 044

Q.11 LINE公式アカウント／あいさつメッセージ
友だち追加してくれたユーザーに、最初にお礼を伝えたい。 046

Q.12 LINE公式アカウント／メッセージ配信
DMやチラシの代わりになる、
情報の発信手段を探している。 048

Q.13 LINE公式アカウント／クーポン
友だちにメッセージと一緒にクーポンを配布したい。 051

Q.14 LINE公式アカウント／メッセージ配信、配信カレンダー
季節に合わせて情報を発信するコツを知りたい。 054

Q.15 LINE公式アカウント／リッチメニュー
トーク画面内にWebサイトへの誘導ボタンを設置したい。 056

Q.16 LINE公式アカウント／有償ノベルティ
店舗に来店したユーザーに友だち追加してほしい。 059

Q.17 LINE公式アカウント／友だちの増やし方
ユーザーにLINE公式アカウントを
開設したことを知らせたい。 062

Q.18 LINE公式アカウント／友だち追加広告
友だちの数を一気に増やしたい。オススメの方法は？ 064

Q.19 LINE公式アカウント／LINE VOOM
動画を活用して、自社の情報発信を行いたい。 066

Q.20 LINE広告／審査
LINE広告の審査が通らない。 069

Q.21 LINE広告／友だち追加
友だち追加広告を配信するユーザーを、さらに絞り込みたい。 072

Q.22 LINE広告／ウェブサイトへのアクセス
ポスティングに代わる方法で、地域の人に宣伝したい。 076

Q.23 LINE広告／ウェブサイトコンバージョン
資料ダウンロードを促す広告を配信したい。 080

Q.24 LINE公式アカウント／リサーチ
ユーザーが自社のアカウントに
期待していることを知りたい。 ········· 084

COLUMN 長崎県の小さな島、平戸にある
スイーツブランドのLINE活用 086

活用ノウハウ②
初回利用編 ········· 087

Q.25 LINE公式アカウント／LINEチャット
チャットで質問や各種相談を受け付けたい。 ········· 088

Q.26 LINE公式アカウント／LINEチャット
LINEチャットを送信できるユーザーを増やしたい。 ········· 090

Q.27 LINE公式アカウント／応答メッセージ
よく聞かれる質問に効率的に回答したい。 ········· 092

Q.28 LINE公式アカウント／AI応答メッセージ
簡単な質問に対して、最適な内容を
手間をかけずに返信したい。 ········· 095

Q.29 LINE公式アカウント／LINEチャット
手が離せないタイミングで、LINEチャットが来てしまう。 ········· 097

Q.30 LINE公式アカウント／LINEチャット

チャット対応を効率化しつつも、
できるだけ丁寧に対応したい。 100

Q.31 LINE公式アカウント／LINEチャット

未対応のチャットがないか、気になってしまう。 102

Q.32 LINE公式アカウント／リッチメッセージ

ユーザーの印象に残る、画像付きのメッセージを作りたい。 104

Q.33 LINE公式アカウント／LINEコール

リアルタイムで商品説明やカウンセリングを行いたい。 106

Q.34 LINE公式アカウント／メッセージ配信、LINEチャット

テイクアウトサービスの告知や予約に利用できる？ 108

Q.35 LINE公式アカウント／位置情報

デリバリー効率化のために、
ユーザーの位置情報を確認したい。 110

Q.36 LINEミニアプリ／テーブルオーダー

オーダーをとるとき、店員とお客さまの接触を
なるべく減らしたい。 112

Q.37 LINEミニアプリ／テイクアウト・デリバリー

テイクアウトの商品をスムーズに受け渡したい。 114

Q.38 LINEミニアプリ／順番待ち・呼び出し

店頭での順番待ちを減らして、
ユーザーをスムーズに案内したい。 116

Q.39 LINEマーケットプレイス
予約をLINEのみで管理したい。便利なサービスはある？ ……… 118

Q.40 LINE公式アカウント、LINE広告／運用サポート
サービス運用や技術的なサポートを受けたい。 ……… 120

Q.41 LINE広告／配信面
LINE広告の配信面を指定したい。 ……… 122

Q.42 LINE公式アカウント／グループ
本店、支店のLINE公式アカウントをまとめて管理したい。 ……… 124

Q.43 LINE公式アカウント／アカウントの種別、検索とおすすめに表示
ECサイト利用者のみに友だち追加してほしい。 ……… 126

Q.44 LINE公式アカウント／リッチメニュー
リッチメニューを美しく仕上げたい。 ……… 128

Q.45 LINE公式アカウント／メッセージ配信、クーポン
客足が落ちる曜日や時間帯の来客を増やしたい。 ……… 130

Q.46 LINE公式アカウント／クーポン
クーポンを他のSNSでもシェアしたい。 ……… 132

Q.47 LINE公式アカウント／クーポン
効果が出やすいクーポンを配布したい。 ……… 134

COLUMN 利用促進と感染対策を実現した
小さな高速バス会社のLINE活用 ……… 136

活用ノウハウ③
リピート促進編 …… 137

Q.48 LINE公式アカウント／リッチビデオメッセージ
動画でサービスを紹介したい。動画は配信できる？ …… 138

Q.49 LINE公式アカウント／カードタイプメッセージ
複数の商品をまとめて、
ユーザーの印象に残るように紹介したい。 …… 140

Q.50 LINE公式アカウント／カードタイプメッセージ、プロフィール
店舗のスタッフを紹介して、指名を増やしたい。 …… 142

Q.51 LINE公式アカウント／メッセージ配信、LINEチャット
LINE公式アカウントを緊急連絡用に使うことはできる？ …… 144

Q.52 LINE公式アカウント／リッチメニュー
チラシの配布量を縮小しつつ、何らかの形で継続したい。 …… 146

Q.53 LINE公式アカウント／ショップカード
リピーター作りを効果的に行う方法を知りたい。 …… 148

Q.54 LINEミニアプリ／会員証・予約
リピート強化にさらに有効なサービスを知りたい。 …… 150

Q.55 LINE公式アカウント／LINEチャット
ユーザーの情報を管理して、スタッフ間で共有したい。 …… 152

Q.56 LINE公式アカウント／メッセージ配信

ユーザーの属性や行動に合わせて
メッセージを送り分けたい。 …… 154

Q.57 LINE公式アカウント／メッセージ配信

自分の担当するユーザーにだけメッセージを配信したい。 …… 156

Q.58 LINE公式アカウント／メッセージ配信

友だちが増えて、アップグレードしたいが予算がない。 …… 158

Q.59 LINE広告／オーディエンス配信

既存ユーザーにアプローチして、
サービスを利用してほしい。 …… 160

Q.60 LINE広告／オーディエンス配信

既存ユーザーに似たターゲット層に広告を配信したい。 …… 162

Q.61 LINE公式アカウント／ステップ配信

商品に興味関心を持ってもらうための
メッセージを自動で送りたい。 …… 164

Q.62 LINE公式アカウント／リサーチ

友だち追加してくれたユーザーとの関係を深めたい。 …… 166

Q.63 LINE公式アカウント／リサーチ

LINE公式アカウントの発信が
飽きられていないか不安になる。 …… 168

Q.64 LINE公式アカウント／分析

分析画面にはいろいろな数値があるが、
何をどう見ればよい？ **170**

Q.65 LINE公式アカウント／分析

ブロックをなくすにはどうしたらよい？ **172**

Q.66 LINE公式アカウント／A/Bテスト

より効果的なメッセージ表現を検証する方法を知りたい。 **174**

Q.67 LINE公式アカウント／トラッキング

LINEを経由したWebサイトの訪問者数を計測したい。 **176**

Q.68 LINE広告／LINE Tag

LINE広告経由のアクセスやコンバージョンを計測したい。 **178**

Q.69 LINE広告／ターゲット

LINE広告を配信しているが、リーチが伸びない。 **180**

Q.70 LINE公式アカウント／LINEログイン

自社で保有する顧客データと照合して、
メッセージを配信したい。 **182**

Q.71 LINE公式アカウント、LINEミニアプリ／LIFF、ID連携

**自社のサービスや顧客システムと
LINEを連携して使いたい。** **184**

COLUMN LINEでのデータ活用を一歩先へ！
新サービス「ビジネスマネージャー」 **186**

高度な活用・DX事例 …… 189

CASE 01　LINE Frontliner｜野田大介

友だち1,000人を突破するまでに必要な対策と、
効果的なメッセージ配信 …… 190

CASE 02　LINE Frontliner｜中根志功

顧客理解とユーザーコミュニケーションをもとに
効果を高める、LINEのサービス活用術 …… 194

CASE 03　LINE Frontliner｜遠藤竜太×稲益 仁

LINEでユーザーに提供する、
半歩先の販促・購買体験 …… 198

CASE 04　企業のLINE活用｜サントリービール株式会社

撮影して送るだけ！ LINEミニアプリを利用した
「ザ・プレミアム・モルツ」のキャンペーン …… 204

CASE 05　企業のLINE活用｜株式会社大丸松坂屋百貨店

LINEによって利用ハードルを下げて急成長！
ファッションのサブスク「AnotherADdress」 …… 208

LINE株式会社｜池端由基

「Life on LINE」―生活のプラットフォームとしてLINEが描く未来 …… 212

LINE公式アカウント 使い方カタログ①	長沼精肉店	**216**
LINE公式アカウント 使い方カタログ②	A'z hair	**217**
LINE公式アカウント 使い方カタログ③	熊本ラーメン 黒亭	**218**
LINE公式アカウント 使い方カタログ④	Pixie Lash	**219**
資料URL・ダウンロード		**220**

索引 **221**

イントロダクション

LINEのサービスやユーザーの属性、
LINE公式アカウントおよびLINE広告の特長を、
イラストで確認してみましょう。

Our Mission
CLOSING THE DISTANCE

私たちのミッションは、世界中の人と人、人と情報・サービスとの距離を縮めることです。

LINEの基本機能

\ トーク（チャット）、音声通話・ビデオ通話 /

\ スタンプ・絵文字、着せかえ /

LINEにはこんな機能もあります

ホームタブ
- 友だちリスト
- LINEファミリーサービス
- LINE着せかえ
- LINEスタンプ
- LINE公式アカウント etc

New! LINE VOOM
毎日が楽しくなる動画がたくさん
個性あふれるクリエイター
好きなコンテンツが必ず見つかる!

ニュースタブ
手軽にニュースにアクセス
- LINE NEWS（日本）
- LINE TODAY（タイ、台湾、インドネシア）

ウォレットタブ
- LINE Pay（送金・決済）
- スマート投資
- LINEほけん
- LINE家計簿 etc

イントロダクション

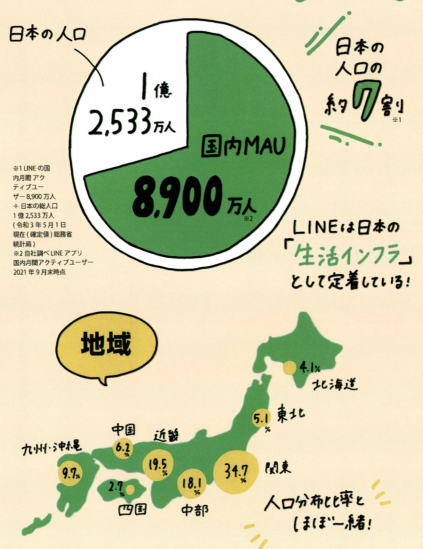

LINE公式アカウントの特長

店舗や企業の友だちになった
ユーザーにメッセージを送ることが
できる！

アクティブアカウント数 約 **33万** ※1

飲食店・レストラン／ショッピング・小売／美容・サロン／教育・習いごと／医療機関・診療所／etc

3つの特長

圧倒的リーチ力！

1億2,533万人 国内月間アクティブユーザー

8,900万人 ※2

日本の人口

日本の人口の **7割!!** ※3

One to One コミュニケーション

ユーザーとの深いつながり

料金プランは3つ

	フリープラン	ライトプラン	スタンダードプラン
月額固定費	無料	5,000円	15,000円
無料メッセージ通数	1,000通	15,000通	45,000通

柔軟に契約形態の変更も可能！

アカウントタイプ

未認証アカウント ／ 認証済アカウント

低 ← ユーザーからの見つかりやすさ → 高

API活用でもっと自由に！

カルーセル／写真付／高度なbot

Messaging APIで
あんな表現、こんな表現が自由自在！

※1 認証済アカウントで月に1回以上機能利用があったアカウント数
※2 自社調べ LINEアプリ 国内月間アクティブユーザー 2021年9月末時点
※3 LINEの国内月間アクティブユーザー 8,900万人 ÷ 日本の総人口 1億2,533万人（令和3年5月1日現在（確定値）総務省統計局）

おさえておきたい！
LINE公式アカウント 基本機能 13個

❶ メッセージ配信

- テキスト
- 画像
- スタンプ

友だちになっているユーザーにメッセージを直接配信

❷ LINE VOOM [NEW]

毎日が楽しくなる動画がたくさん！
個性あふれるクリエイター
好きなコンテンツが必ず見つかる！

❸ 自動応答メッセージ

- 自動で送信されるメッセージ
- AIが自動返信

思わずクリックしたくなるビジュアル訴求！

❹ リッチメッセージ
画像やテキストを一つのビジュアルに

❺ カードタイプメッセージ
カルーセル形式で複数のカードを配置

❻ リッチメニュー
LINE公式アカウントのトークに訪れた際、大きく開くメニュー

初回来店・リピートを促す！

❼ クーポン

LINE上で使用可！来店促進に

❽ ショップカード
商品購入やサービス利用・来店のインセンティブとして。ポイントをLINE上で発行・管理

❾ ステップ配信
設定した期間・対象に複数の自動メッセージを配信

友だち追加 → 1日 → 20-30男性（クーポン）／その他（イベント案内）

❿ LINEチャット

チャットで手軽にお問い合わせ対応など

⓫ 友だち追加

友だち追加を促進
QRコード＋URL

⓬ プロフィール

企業やブランドの基本情報を掲載

⓭ LINEコール

ユーザーからLINE公式アカウントに無料で通話やビデオ通話

その他機能も盛りだくさん♪

イントロダクション

LINE広告の特長

☑ 1日 **1,000** 円から！LINEに広告配信ができる！
☑ **35,000** 社が利用
☑ さまざまな業種業界で

人材　健康食品　不動産

コスメ　ゲーム・アプリ

特長 ① 圧倒的な配信ボリューム

LINE月間利用者（MAU）
8,900 万人に届く！

※ 自社調べ LINEアプリ 国内月間アクティブユーザー
2021年9月末時点

地域も
年齢・性別も
さまざま

LINE広告 主な配信面

\ New! /

トークリスト

LINE NEWS

LINE VOOM

1日あたりリーチ数
5,500 万人

月間利用者数
7,700 万人

動画広告をより自然に届けられる配信面

フォーマットはさまざま

 静止画
 動画

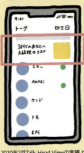

2020年2月Talk Head Viewの実績より　月間利用者数は2021年8月時点

制作コスト　○　△
制作時間　○　△
展開しやすさ　◎　△
印象　♥　◎
情報量　△　◎

022

本書の読み方

活用ノウハウ①～③では、LINEの法人向けサービスを事業主様の店舗やECサイトで実際に導入し、集客や販促にお役立ていただくための情報を以下のような構成で解説しています。

Q&A
本書では、LINE公式アカウントやLINE広告の活用ノウハウを目的別に解説しています。各目的は事業主様の「質問」や「知りたいこと」、それに対するLINEからの「回答」というQ&A形式でまとめています。

操作手順
LINE公式アカウントはスマートフォンの管理アプリ（未対応の機能のみWeb版管理画面「LINE Official Account Manager」）、LINE広告は管理画面「LINE Ad Manager」で、実際に操作するときの画面や、操作手順を掲載しています。

機能
この活用ノウハウで使用するLINEのサービス名や機能名などを記載しています。

実店舗／オンライン
この活用ノウハウに適した業態をアイコンで示しています。左が実店舗（拠点あり）型、右がオンライン（拠点なし）型です。

期待できる効果
この活用ノウハウを取り入れていただくことで、具体的にどのようなメリットがあるのかを簡潔にまとめています。

関連
似た機能や操作を取り上げている活用ノウハウを紹介しています。

ワンポイントアドバイス
この活用ノウハウを実店舗やオンラインで取り入れていただく際に役立つ情報やアイデア、ヒントなどを紹介しています。

024

活用ノウハウ①
導入・認知獲得編

LINE公式アカウントとLINE広告の導入方法や、
ユーザーの認知を獲得するための
サービス活用について解説しています。

LINE公式アカウント、LINE広告／使い分け

Q 01 LINEをビジネスにうまく活用するにはどうしたらいい？

LINE公式アカウントやLINE広告など、LINEの法人向けサービスを自社のビジネスの成長につなげるには、何をどう使ったらいいですか？ 各サービスの得意分野などがあれば知りたいです。

A 身近な事例を参考にしつつ、目的に応じて使い分けましょう。

目的がコミュニケーションかリーチかで使い分ける

　LINE公式アカウントは、中長期にわたる「コミュニケーション」を通した販促や集客、ブランディングに適しています。 各種SNSの中でも、ユーザーの端末にメッセージをダイレクトに配信できる点が特徴的です。

　一方、**LINE広告は店舗やサービスをより多くの人に知ってもらったり、利用を促進したりするのに適しています。** LINEやLINEのファミリーサービス内に広告を表示して、8,900万人（2021年9月末時点）のLINEユーザーに訴求できます。ネット広告がどれだけ多くの人に到達したかを示す「リーチ」という指標がありますが、LINE広告は、そのリーチ獲得に最適なサービスです。

　初めてLINE公式アカウントやLINE広告を利用する場合、まずは他の企業、店舗がどのように活用しているのか調べてみましょう。近隣の店や競合店などがすでにLINE公式アカウントを運用していれば、投稿内容や配信頻度などを参考にできます。

　また、運用を担当している知り合いがいれば、その方法や得られた効果について話を聞いてみるのもよいでしょう。参考になるLINE公式アカウントが見つからなくても、LINE社が公開している活用事例を見たり、定期的に開催されているセミナーに参加したりすれば、効率的に情報収集できます。

　LINE広告は、いちユーザーとしてLINEを利用しながら、どのようなメッセージや画像があると広告に目を留めるか、興味を引かれるのか、受け手側の気持ちを意識するのが大切です。目についたクリエイティブを参考にしてみましょう。

期待できる効果

- 既存の活用事例があるので、参考にしやすい
- 適切なメッセージ配信の内容や頻度が分かる
- 興味を持たれやすい広告作成のコツが分かる

LINE公式アカウントのトーク画面の例。

トークリストでのLINE広告の表示例。

[LINE公式アカウントとLINE広告の使い分け]

目的	LINE公式アカウント	LINE広告
商品・ブランド認知	△	◎
理解・好感度／利用意向UP	◎	△
Webサイトへの集客	○	○
アプリのインストール・利用促進	△	○
販促（オフライン）	◎	△
リピート	◎	△
友だち新規獲得	○	◎

活用ノウハウ 1 導入・認知獲得編

LINE公式アカウント、LINE広告／利用の開始

Q 02 LINEの法人向けサービスはスマホだけでも運用できる？

店舗にパソコンがないので、スマホでLINE公式アカウントを使いたいです。LINE公式アカウントのほか、LINEが提供している法人向けサービスは、スマホがあれば利用できますか？

A LINE公式アカウントの基本的な運用はスマホでできます。

一部の機能やLINE広告の利用には、パソコンが必要

　LINE公式アカウントは、管理アプリと、パソコンで利用できるWeb版管理画面「LINE Official Account Manager」から操作できます。**アカウントの設定や、メッセージのやりとりなどの基本的な運用、効果検証は管理アプリのみでも可能**です。店舗の営業時間中など、パソコンが手元にないタイミングでもスマートフォンがあれば利用できます。一方、Web版管理画面からは、すべての機能が利用できます。必要に応じて使い分けてください。

　なお、LINE広告の管理画面「LINE Ad Manager」は専用の管理アプリがないため、パソコンからの設定をオススメしています。

[Web版管理画面でのみ利用できるLINE公式アカウントの機能]

- ポスター（P.059）
- リッチメッセージ（P.104）
- グループ（P.124）
- リッチビデオメッセージ（P.138）
- カードタイプメッセージ（P.140）
- オーディエンス（P.156）
- ステップ配信（P.164）
- リサーチ（P.084, P.166）
- アカウント満足度調査（P.168）

期待できる効果

- パソコンがなくても、スマホのみでサービスを運用できる
- 時間があるときはパソコンを開いて、Web版管理画面からしか使えない機能を試せる

管理アプリへのログイン方法

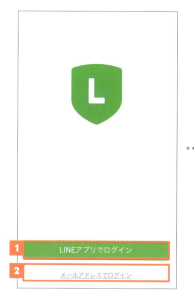

1 ［LINEアプリでログイン］か 2 ［メールアドレスでログイン］をタップして利用を開始する。

▷ 管理アプリ
　（App Store）

▷ 管理アプリ
　（Google Play）

※上のQRコードをスマホで読み取ってダウンロードしてください。

LINE公式アカウント、LINE広告／LINEビジネスID

Q 03 LINE公式アカウントとLINE広告を始める方法を知りたい。

LINE公式アカウントとLINE広告を利用したいと思っていますが、ログインするにはどうしたらよいでしょうか？ 個人のLINEアカウントを使う必要がありますか？

A 「LINEビジネスID」でログインできます。

LINE公式アカウント、LINE広告共通で利用できる

　LINE公式アカウントやLINE広告など、LINEの法人向けサービスを利用するには、「LINEビジネスID」という共通認証システムにログインします。**共通のIDなので、サービスごとに異なるIDの作成は不要です**。LINEビジネスIDには、LINEアカウントまたはメールアドレスで登録できるビジネスアカウントでログインできます。

　LINEビジネスIDのログイン画面は、LINE公式アカウントの管理アプリの初回起動時やLINE公式アカウントのWeb版管理画面、LINE広告の管理画面へのアクセス時に表示されます。LINEアカウントを使う場合は、LINEアプリ内で登録できるメールアドレスとパスワード、もしくは表示されたQRコードをLINEアプリで読み取ることでログイン可能です。

　ビジネスアカウントを使う場合は、新たにメールアドレスとパスワードを登録します。仕事のメールアドレスを使いたい場合や、個人で利用しているLINEアカウントを使用したくない場合に便利です。

期待できる効果

- 法人向けサービスは、共通のIDで利用可能
- 共通のIDを使えるので、管理しやすい
- 個人のLINEアカウントを使わなくてもログインできる

LINEビジネスIDのログイン方法

Web版管理画面、もしくはLINE広告の管理画面のURLにアクセスすると、LINEビジネスIDのログイン画面が表示される。**1**［LINEアカウントでログイン］をクリックすると、LINEアプリに登録しているメールアドレスとパスワード、もしくは表示されるQRコードを使ってログインできる。初回利用時にはメールアドレスとパスワードの入力が必要。ビジネスアカウントを作成したい場合は**2**［アカウントを作成］をクリック。

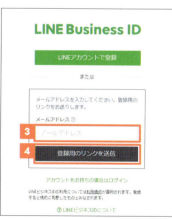

続いて［メールアドレスで登録］をクリックすると、メールアドレスの入力画面が表示される。**3**［メールアドレス］に登録したいメールアドレスを入力して**4**［登録用のリンクを送信］をクリックすると、入力したメールアドレスにアカウント登録用のリンクが送信される。

ワンポイントアドバイス

管理画面を間違えないようにしよう

　LINE公式アカウントとLINE広告は管理画面が異なります。それぞれブックマークして、サービスごとに使い分けましょう。

▷ **LINE Official Account Manager**
（LINE公式アカウント）
https://account.line.biz/login

▷ **LINE Ad Manager**
（LINE広告）
https://admanager.line.biz

LINE公式アカウント／利用の開始

Q_04 個人アカウントをLINE公式アカウントに移行できる？

すでに個人のLINEアカウントでたくさんのお客さまとつながっています。メッセージの一斉配信やクーポンなどを使いたいので、個人アカウントをLINE公式アカウントに移行したいです。

A 移行はできません。LINE公式アカウントを新規開設しましょう。

LINE公式アカウントと個人アカウントの違い

個人アカウントは主に家族や友人間のコミュニケーションを、**LINE公式アカウントは企業・店舗とユーザーのコミュニケーションを目的にした異なるサービス**のため、移行できません。すでに個人アカウントでユーザーとつながっている場合は、LINE公式アカウントに誘導してください。

もともと利用していた個人アカウントからLINE公式アカウントに誘導するときに便利なのが、「おすすめ」機能です。一度に複数の友だちに対して、LINE公式アカウントの情報とメッセージを同時に送信できます。

「おすすめ」機能を使えば、LINE公式アカウントの情報を、友だちに対して一斉に送信できる。

他にも、店舗に来店した人への声がけや、メルマガなどでLINE公式アカウントを開設したことをお知らせして、友だち追加してもらいましょう。友だちを新規に追加した人に自動で配信される「あいさつメッセージ」でクーポンの配布などをすると、ユーザーに分かりやすくメリットを提供できるので、友だち追加を促せます。

期待できる効果

- 企業・店舗用のアカウントなので、ユーザーの信頼を得やすい
- なじみのユーザーに連絡すれば、スムーズに友だち追加してもらえる
- 専用の管理画面があるので、ビジネスに活用しやすい

「おすすめ」機能で個人アカウントの友だちに LINE公式アカウントの友だち追加を促す方法

個人アカウントで、開設したLINE公式アカウントのトーク画面を表示しておく。続いて **1** をタップ。

2［おすすめ］→虫眼鏡のアイコンを順にタップ。

LINE公式アカウントの連絡先を送信したい **3** 友だちやトークをタップして選択したら、**4**［メッセージを入力］に一緒に送信したいメッセージを入力。**5**［転送］をタップすると、個人アカウントの友だちにLINE公式アカウントの連絡先と入力したメッセージが送信される。

活用ノウハウ 1 導入・認知獲得編

LINE公式アカウント／利用の開始、料金プラン

Q 05 予算がないので、まずは無料で LINE公式アカウントを始めたい。

とりあえず無料で使って効果を確かめたいと思っています。有料のプランと無料のプランで機能の差や制限はありますか？　有料プランの支払い方法も知りたいです。

A 利用できる機能は全プラン同じで、メッセージ通数が異なります。

友だち数とメッセージの配信回数で料金プランを選ぶ

　LINE公式アカウントの料金プランは、フリープラン、ライトプラン、スタンダードプランの3種類があります。これらの最も大きな違いは、無料で配信できるメッセージ通数です。メッセージ通数は「メッセージを送信する友だちの数×回数」で計算されます。月に1,000通までメッセージを無料で配信できるフリープランを利用する場合、250人の友だちがいるなら月に4回までの配信は費用がかかりませんが、1,000通以上のメッセージを配信することはできません。

　一方、有料プランでは配信できるメッセージの通数が増え、それを超えた場合はメッセージを1通送るごとに費用がかかります（従量課金制）。**アカウントの友だち数や月に何回メッセージを配信するかで、適切なプランを選択してください。**

　アカウント開設当初はフリープランで運用し、その後、友だち数が増えてきたら、目的や予算に応じて有料のライトプラン、スタンダードプランに移行しましょう。有料プランへの切り替えには、先に支払い方法を設定する必要があります。

期待できる効果

- まずは無料から始められるので、社内の承認を得やすい
- 従量課金制のため、コスト意識が高まる
- メッセージの無駄打ちが少ないと、友だちのストレスが軽減される

支払い方法の設定

Web版管理画面で **1**［設定］→ **2**［お支払い方法］→ **3**［お支払い方法を登録］を順にクリックすると、LINE公式アカウントの支払い方法を設定できる。

支払い方法を設定していない状態であれば、**4**［月額プラン］→ **5**［お支払い方法を登録］でも設定可能。

［LINE公式アカウントのプラン］

プランの種類	フリープラン	ライトプラン	スタンダードプラン
月額固定費	無料	5,000円	15,000円
配信可能なメッセージ通数／月	1,000通まで	15,000通まで	45,000通まで
追加メッセージ従量料金	不可	5円／通	～3円／通

※費用はすべて税別

関連

Q.06　オンシーズンとオフシーズンで料金プランを変更したい。……… P.036
Q.33　リアルタイムで商品説明やカウンセリングを行いたい。……… P.106

Q 06 LINE公式アカウント／料金プラン

オンシーズンとオフシーズンで料金プランを変更したい。

冬の利用が多いサービスを提供しています。繁忙期はメッセージを多く配信したいのですが、閑散期は配信を控えたいです。配信量に合わせて料金プランを切り替えられますか？

A アップグレードとダウングレード、どちらも可能です。

配信プランに合わせて料金プランを変更

　季節によって需要が変動する業種では、シーズン中はこまめにメッセージを配信してユーザーとのコミュニケーションを活性化し、オフシーズン中は配信頻度を低くしてもかまいません。LINE公式アカウントの料金プランは切り替えられるので、配信したい頻度やメッセージ通数に合わせてプランを変更するとよいでしょう。

　フリープランからライトプラン、スタンダードプランへのアップグレードは、即日反映されます。ただし、フリープラン時に送信したメッセージ通数は引き継がれるので注意しましょう。ライトプラン、スタンダードプランからのダウングレードは翌月に反映されるので、変更のタイミングに気を付けてください。

　オンシーズンとオフシーズンの他にも、キャンペーンやセールの開催など、**集客や販促を強化したいタイミングであれば、プランをアップグレード**して、集中的にメッセージの配信を増やすと効果的です。

期待できる効果
- 予算や目的に合わせて、LINE公式アカウントを柔軟に運用できる
- オンシーズンに配信を強化すると、ユーザーの関心が集まる
- オフシーズンは最低限のメッセージ配信を行うことで、ブロックを防止できる

料金プランの変更方法

ホーム画面の **1** ［設定］→ **2** ［月額プラン］を順にクリックすると、プランの一覧が表示される。切り替えたいプランの **3** ［アップグレード］もしくは［ダウングレード］をクリックすると変更可能。

ワンポイントアドバイス

オフシーズンはメッセージを送らなくてもいい？

　季節性のビジネスを運営している場合、繁忙期以外はメッセージを送らなくてよいかといえば、そうではありません。ユーザーに「友だちでいるメリットがない」と思われてブロックされる可能性もあります。オフシーズンにも、繁忙期の振り返りや次のシーズンに向けて準備している商品やサービスに関する情報、スタッフの紹介など、ユーザーにお得感や「なるほど！」と感じてもらえる情報を、最低でも月に1回は配信しましょう。

関連

Q.05　予算がないので、まずは無料でLINE公式アカウントを始めたい。 …… **P.034**

Q 07 アカウント名の横についている「バッジ」は何？

LINE公式アカウント／アカウント種別

LINE公式アカウントを見ていると、アカウント名の左側に青いバッジがついているもの、グレーのバッジがついているものがあります。このバッジは何を意味しているのでしょうか？

A 青は認証済アカウント、グレーは未認証アカウントです。

認証済アカウントは検索結果にも表示される

　LINE公式アカウントには、LINE社の審査を通過すると取得できる「認証済アカウント」と個人・法人問わず審査なしで取得できる「未認証アカウント」があります。認証済アカウントは青いバッジが表示され、LINEアプリ内でのアカウント検索結果に表示されるほか、Web版管理画面で友だち集めに有効なLINEの公式キャラクター入りのポスターなどをダウンロード

認証済アカウントであることを示す青色のバッジ。

できます。また、のぼりやPOPなどの発注ができたり、プロフィールをWebに掲載できたりするメリットもあります。

　未認証アカウントでも利用機能に制限はありませんが、LINEアプリ内でアカウントが検索表示されません。**認証済アカウントの申請は、アカウント開設時に申し込めるほか、途中から認証済アカウントにすることも可能です**。審査を申請すると、約2週間で申請結果が通知されます。不承認だった場合は、Q.20（P.069）を参考に、LINE公式アカウントガイドラインを見て違反がないか確認した上で再申請してください。

期待できる効果

- LINEアプリ内でアカウントを検索してもらえる
- 認証済アカウントの企業・店舗はユーザーにより信頼してもらえる

アカウント認証の申請方法

1 ［ホーム］→ **2** を順にタップすると、［アカウント設定］が表示される。［認証ステータス］の **3** ［未認証］をタップすると、［認証ステータス］の画面に切り替わる。［アカウント認証をリクエスト］をタップすると、申請が完了する。［アカウント設定］では、**4** 名前や **5** プロフィール画像の変更、**6** ステータスメッセージの設定も可能。

ワンポイントアドバイス

認証済アカウントで購入できる有償ノベルティの例

①三角POP
400円（税別）/1枚

②三角POP（自由記入枠あり）
400円（税別）/1枚

③ステッカー
150円（税別）/1枚

④ラミネートパネル（A5サイズ）
500円（税別）/1枚

⑤ラミネートパネル（A4サイズ）
800円（税別）/1枚

⑥ショップカード
2,500円（税別）/1セット（100枚）

Q 08 LINE公式アカウント／プレミアムIDの設定

分かりやすい文字列のIDにしたい。

LINE公式アカウントの開設をお客さまにお知らせしようと思ったのですが、IDの文字列が覚えにくいです。近所のお店は店名に合わせたIDになっていますが、同じようにできますか？

A 「プレミアムID」を利用すると、IDの文字列を指定できます。

店名にちなんだIDも設定可能

　LINE公式アカウントの開設直後は、ランダムな文字列の「ベーシックID」が割り当てられます。「プレミアムID」では、**店舗名やサイト名などを含めた、ユーザーの印象に残りやすいIDを取得できます。**

　プレミアムIDは「@+指定文字列」で構成されます。指定文字列は4〜18字で、半角英数字と「.」「_」「-」の記号のみ指定でき、大文字は使用できません。

　プレミアムIDの利用は有料で、月額100円（税別）、または年額1,200円（税別）です。購入経路によって価格が異なる場合があるほか、iOSアプリでは1つのApple IDにつき1つのプレミアムIDしか購入できないため、複数IDを希望する場合はWeb版管理画面から購入してください。

通常のベーシックIDは、アカウント作成時にランダムな文字列が自動で付与される。文字列を指定したプレミアムIDの作成も可能。

期待できる効果

- プレミアムIDで指定の文字列にすると、ユーザーがLINE内でID検索するときに分かりやすい
- 店名やサービス名にちなんだIDだと、公式感がありユーザーに信用してもらえる

プレミアムIDの購入方法

Web版管理画面で［設定］→ **1**［プレミアムID］を順にクリックすると、［プレミアムIDを購入］と表示される。**2**に希望するIDを入力して **3**［プレミアムIDを購入］をクリック。

［プレミアムIDを購入］ダイアログボックスが表示された。**4**［利用規約］をクリックして確認したあと、**5**をクリックするとチェックマークが付く。続けて **6**［購入］をクリックすると購入が完了する。

活用ノウハウ 1 導入・認知獲得編

> ### ワンポイントアドバイス
>
> **プレミアムID設定のヒント**
>
> 指定した文字列が他のアカウントで利用されている場合、同じプレミアムIDは取得できません。取得したいIDが利用できない場合は、以下のような組み合わせで設定するとよいでしょう。
>
> - 店舗名-地域名　　　　　　　browncafe-yotsuya
> - 店舗名_商品・サービス名　　browncafe_coffee
> - 店舗名.設立年　　　　　　　browncafe.2021
> - 数字語呂合わせ_店舗名　　　55_browncafe

Q_09 LINE公式アカウント／権限の設定

複数人でLINE公式アカウントを管理したい。

LINE公式アカウントをローテーションで運用したいのですが、複数人で管理できますか？また、全員にすべての権限を渡すのではなく、特定のメンバーの権限は制限したいです。

A 複数人でのアカウント管理や、権限設定に対応しています。

複数人で管理すれば、運用負荷も分散できる

　LINE公式アカウントは、複数人で管理できます。**担当者が不在の場合に他のメンバーが対応したり、上司が配信内容をチェックしたりするときなどに、複数人にアカウント権限を設定しておくと便利です。**

　権限には全権限がある「管理者」、メンバー管理以外の権限がある「運用担当者」、配信権限のない「運用担当者（配信権限なし）」、分析の閲覧ができない「運用担当者（分析の閲覧権限なし）」の4種類があり、メンバーそれぞれにどの権限を振り分けるか設定可能です。1アカウントに対して最大100人までメンバーを登録できます。メンバーの追加には認証用URLを発行してメールで送信する方法と、LINEでつながっているユーザーを選択する方法があります。

　メッセージ配信のほか、ユーザーからのLINEチャットを返信する際も、アカウントの運用メンバーが複数いると、一人ひとりの負担を軽減できます。なお、当該メンバーが退職したり異動したりする場合は、権限解除を忘れずに行いましょう。

期待できる効果

- 権限別にメンバーを追加すれば、円滑にアカウントを運用可能
- アカウントの担当者が複数人いると、ユーザーからの問い合わせに迅速に対応できる

メンバーの追加方法

[ホーム] → [設定] → [権限] → [権限管理] の **1** [メンバーを追加] を順にタップ。続いて **2** [権限の種類] を選択して **3** [LINE] をタップすると、LINEで友だちに追加しているユーザーを選択してメンバーに追加できる。あるいは **4** [URLを発行] → [コピー] を順にタップして作成したURLを権限を追加したい相手に送信し、相手がそのURLにアクセスすると、メンバーとして追加される。

［権限の種類］

権限の種類	管理者	運用担当者	運用担当者（配信権限なし）	運用担当者（分析の閲覧権限なし）
メッセージの作成	○	○	○	○
メッセージ配信	○	○	×	○
分析の閲覧	○	○	○	×
アカウント設定の変更	○	○	○	○
メンバー管理	○	×	×	×

Q10 LINE公式アカウント／プロフィール

LINE上で店舗の基本情報をユーザーに知らせたい。

ユーザーが来店しやすくなるように、LINE上でも店舗の住所や電話番号、営業時間などの基本的な情報を掲載したいです。情報をまとめて掲載できる場所はありますか？

A LINEとWeb両方から見られる「プロフィール」を設定しましょう。

ホームページの代わりに情報を掲載

「プロフィール」では、企業・店舗の基本情報を掲載可能です。認証済アカウントであれば、**LINEからだけでなくWeb経由でも、ユーザーにプロフィールを見てもらうことができます**。仮にホームページがなくても、企業・店舗についてユーザーに周知できるので、目に入りやすいプロフィール画像とステータスメッセージとともに忘れずに設定してください。

掲載できる情報は、プラグインで管理して自由に設定できます。「基本情報」で住所、電話番号、営業時間、予算、WebサイトURLなど、「アイテムリスト」でメニューや商品などを掲載でき、他にも「クーポン」「ショップカード」「自由記述」などを掲載すれば、ユーザーとのコミュニケーションが一層深まるきっかけを作ることができます。

「プロフィール」に自社の情報を掲載できる。**1**［ステータスメッセージ］も設定するとよい。

期待できる効果

- 店舗の基本情報をユーザーに確認してもらえる
- トークや電話などの機能をワンタップで利用してもらえる
- プロフィールにクーポンを設置すると、来店のきっかけになる

［プラグインで設定できる内容］

- 自由記述（写真・動画と説明文）
- アイテムリスト（メニューや商品など）
- 最近の投稿
- ショップカード
- クーポン
- 基本情報（住所、電話番号、営業時間、予算、WebサイトURLなど）
- お知らせ（アカウントに関する重要な情報や告知など）
- SNS（SNSアカウントのアイコン）
- 感染症対策（新型コロナウイルス感染症対策の詳細）
- デリバリー・出前（デリバリーの時間やエリア、条件など）
- デリバリー・宅配（デリバリーの時間や配達時間帯、エリア、条件など）
- テイクアウト（テイクアウトの時間や注文方法など）
- よくある質問など

プロフィールの設定方法

［ホーム］→［プロフィール］を順にタップすると、プロフィールの編集画面が表示される。画面をスクロールして **1**［編集］をタップすると、プラグインの内容を編集できる。**2**［プラグインを追加］をタップすると、プラグインの追加と編集が可能。**3**［保存した内容を公開］をタップすると、**4**［オン］にしたプラグインがプロフィールに表示される。

関連

Q.07　アカウント名の横についている「バッジ」は何？　　P.038

Q11 LINE公式アカウント／あいさつメッセージ

友だち追加してくれたユーザーに、最初にお礼を伝えたい。

友だち追加してくれた新規ユーザーに、お礼を伝えたり、LINE公式アカウントの説明をしたりしたいです。友だち追加のタイミングはユーザーによって違いますが、どうすればよいですか？

A 「あいさつメッセージ」を設定しましょう。

自動で配信されるメッセージを設定

「あいさつメッセージ」は、LINE公式アカウントを友だち追加したユーザーに自動配信されるメッセージです。**ユーザーとの最初のやりとりになるので、友だち追加してくれたお礼や今後配信する内容などを伝え、長い関係性を築けるようにしましょう。**

あいさつメッセージでは、通常のテキストメッセージのほか、画像やクーポンなどを送ることもできます。この段階でクーポンを送信すればユーザーにお得感を与えることができ、この先も「友だちでいることのメリット」を強く訴求することができるでしょう。

通知が多すぎるとLINE公式アカウントをブロックされる可能性があるため、「週1回ペースで、メッセージ配信します」など、その後の配信頻度についてお知らせしてもよいかもしれません。LINEチャットや応答メッセージなどによる予約や各種問い合わせに対応している場合は、それらの利用についても案内するとよいでしょう。

あいさつメッセージでクーポンを一緒に送ると、ユーザーにお得感を与えることができる（クーポンは事前に作成してください）。

> 期待できる効果

- 友だちに追加した瞬間にメッセージが送られるのでライブ感のあるコミュニケーションが取れる
- 得られる情報や利用できる機能など、LINE公式アカウントについてユーザーが把握できる

あいさつメッセージの設定方法

1[ホーム] → **2**[あいさつメッセージ]を順にタップすると、[あいさつメッセージ]の設定画面が表示される。テキストやクーポンなどの設定が可能。**3**[プレビュー]をタップすると、設定したメッセージの配信イメージを確認できる。

> ワンポイントアドバイス

チャットを促す
あいさつメッセージ例

あいさつメッセージ内でユーザーの関心が高そうなトピックをまとめると、その後LINEチャット上でコミュニケーションが生まれやすくなります。さらにその返信に「応答メッセージ」(Q.27／P.092) を用いれば、返信が省力化できるのでオススメです。

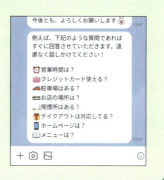

活用ノウハウ **1** 導入・認知獲得編

Q12 LINE公式アカウント／メッセージ配信

DMやチラシの代わりになる、情報の発信手段を探している。

これまで、DMやチラシを中心に集客をしてきましたが、年々効果が薄くなっています。紙媒体は費用もかかるので、他によい方法があればそちらに移行したいです。

A LINE公式アカウントでメッセージを配信しましょう。

ユーザーに情報を直接届けられる

　LINE公式アカウントでは、アカウントを友だち追加してくれたユーザーに直接メッセージを配信できます。メッセージの特徴は「プッシュ型配信」であることです。**LINE公式アカウントのメッセージが届くとスマホに通知され、ユーザーは好きなタイミングでメッセージを確認できるので、開封率が高くなる**傾向にあります。

　メッセージは、テキストや写真、動画、クーポン、リッチメッセージなど、さまざまな形式を選択できます。従来、DMやチラシ用に使っていたデータを画像配信するのもオススメです。また、LINEの友だち限定のクーポンやシークレットセールの情報などを配信すれば、DMやチラシのように見る前に捨てられてしまうこともなく、確実に情報を届けられるでしょう。

LINE公式アカウントを友だち追加しているユーザーに配信できる。

期待できる効果

- 紙のDMに比べて、コストを抑えつつリーチを見込める
- お得な情報が定期的に配信されることで、ユーザーの関心が高まる
- 友だち限定の情報などで、お得感を演出できる

メッセージの配信方法

［ホーム］画面の **1**［メッセージを配信する］をタップ。

2［追加］をタップすると、配信するデータの種類の選択画面が表示される。

［写真］を選択した場合、写真のアップロード画面が表示される。**3**［写真をアップロード］をタップすると、配信する画像を選択してアップロードできる。**4**［追加］をタップすると配信内容を追加できる。編集が完了したら **5**［次へ］をタップ。

［メッセージ設定］画面が表示された。［配信予約］を **6**［オフ］にした状態で **7**［配信］をタップすると、すぐにメッセージを配信できる。

次のページに続く

［配信できるメッセージの種類］

項目	配信できるデータ
テキスト	テキストは最大文字数は500文字まで。絵文字も可能
スタンプ	LINEの標準スタンプ
写真	保存済みの写真またはカメラで撮影した写真
クーポン	作成済みのクーポン
リッチメッセージ	作成済みのリッチメッセージ
リッチビデオメッセージ	作成済みのリッチビデオメッセージ
動画	保存済みの動画またはカメラで撮影した動画。最大サイズは200MB以下
ボイスメッセージ	保存済みのボイスメッセージ。最大サイズは200MB以下
リサーチ	作成済みのリサーチ
カードタイプメッセージ	作成済みのカードタイプメッセージ

ワンポイントアドバイス

1回の配信で3要素まで送信可能

メッセージ配信は企業・店舗がユーザーとのコミュニケーションを深める上で核となる機能です。テキストの他に画像や音声、動画やスタンプを送ることができ、1回の配信で同時に最大3要素までメッセージを送ることが可能です。

関連

Q.14　季節に合わせて情報を発信するコツを知りたい。　　P.054

Q 13

LINE公式アカウント／クーポン

友だちにメッセージと一緒にクーポンを配布したい。

他のお店のLINE公式アカウントを友だち追加しており、クーポンが送られてくるとお得感があります。クーポンの作り方や送り方について詳しく知りたいです。

A 「クーポン」の作成後、ユーザーに配信しましょう。

活用ノウハウ 1 導入・認知獲得編

クーポンにはさまざまな設定が可能

　友だち追加してくれたユーザーに、割引やプレゼントなど、さまざまなタイプのクーポンをLINE上で配信できます。サービスをお得に利用できる「クーポン」は、来店や購入などユーザーのアクションにつながるので、**初回購入・利用はもちろん、リピーターの増加にも寄与します**。

　クーポンはメッセージやプロフィール上などで配信できますが、あらかじめ作成する必要があります。また、ユーザーにクーポンを提供する前に、対応オペレーションを決めておけば、スムーズに施策を実行できるでしょう。

　クーポンは、有効期限、使用回数、公開範囲などを自由に設定できます。他のSNSなど、友だち以外にも表示される場所で公開すれば、友だちの新規追加にもつなげられます。また、抽選でクーポンが当たるように設定することもできるので、ユーザーが楽しみながら利用できるクーポン活用を考えましょう。

クーポンの作成・配布ができる。

051　次のページに続く

期待できる効果

- クーポンをきっかけに、来店やサービス利用を検討してもらえる
- 定期的にクーポンを配信することで、ブロック防止につながる
- お得なクーポンが当たる抽選は、ゲーム感覚で楽しんでもらえる

クーポンの作成方法

1 ［ホーム］→ 2 ［クーポン］をタップする。

作成済みのクーポンの一覧が表示された。新たなクーポンを作成するには 3 ［作成］をタップ。

クーポンの作成画面が表示された。4 ［クーポン名］と 5 ［有効期間］、6 ［写真］を設定したら、画面をスクロールする。

[利用ガイド]には、クーポンの利用方法を入力できる。抽選や公開範囲の設定は[詳細設定]のそれぞれの項目をタップして選択する。設定が完了したら7［保存］をタップ。

クーポンが保存され、[クーポンをシェア]と表示された。ここからクーポンを含めたメッセージなどを作成できる。

ワンポイントアドバイス

生活サイクルに合わせてクーポンを送信

身近なツールであるLINEで「すぐに使えるクーポン」を送ることで、来店やサービス利用などのアクションを喚起することができます。以下のように、ユーザーの生活サイクルに合った時間帯にクーポンを送ると、開封率や使用率のアップが見込めます。

- ランチクーポン→昼の11時ごろ
- 週末限定クーポン→金曜の夜や土曜の午前中
- 配信が集中する0時の数分前もしくは数分後

関連

Q.46 クーポンを他のSNSでもシェアしたい。 P.132

Q14 季節に合わせて情報を発信するコツを知りたい。

LINE公式アカウント／メッセージ配信、配信カレンダー

季節ごとのイベントに合わせてメッセージを送りたいのですが、気付くとタイミングを逃していたり、直前の案内になったりしてしまいます。うまく配信するコツはありますか？

A 「配信カレンダー」を活用しましょう。

よりタイムリーな情報を届けられる

　LINEユーザーのうち、1日1回以上LINEを起動する人は約8割です。**日常の中で「LINEをチェックする」という行動が当たり前になっているからこそ、多くのユーザーに情報を届けやすい**のがLINE公式アカウントの強みです。

　季節ごとのイベントメッセージの作成には、「配信カレンダー」が役立ちます。季節の行事やイベント、祝日などがまとまっているうえ、それらをもとにしたメッセージの配信例も紹介しているので、以下のURLを参考にしてください。

　なお、メッセージは配信したい日付・時刻を設定する「配信予約」ができます。タイミングよく配信するのが難しい、または忘れてしまいそうな場合は、あらかじめメッセージを作成し、配信予約しておくと便利です。配信予約中のメッセージはいつでも、編集・削除できます。イベントの中止や世情の変化などがあれば、配信される前にメッセージの編集や配信予約の取り消しをしましょう。

▷ 資料ダウンロード - LINE公式アカウント 配信カレンダー
https://www.linebiz.com/jp/ebook/oa_calendar/download/
※パソコンからのアクセスを推奨

期待できる効果

- タイムリーに情報を届けられるのでチェックしてもらいやすい
- 季節ごとのイベントに合わせて、企業・店舗をアピールできる
- 季節に合わせた情報をきっかけに、コミュニケーションが深まる

メッセージの配信予約方法

P.049を参考にメッセージを作成して［配信予約］を **1**［オン］にすると、**2** が空欄の状態で表示される。**2** をタップするとカレンダーが表示され、配信日時を設定できる。**3**［OK］をタップすると **2** に日時が入力された状態になる。**4**［配信］をタップし、指定した日時になると、メッセージが配信される。

活用ノウハウ **1** 導入・認知獲得編

ワンポイントアドバイス

メッセージ配信の計画を立てよう

　メッセージ配信は計画的に実施しましょう。配信カレンダーに掲載されている情報のほか、自社の周年イベントやセールを洗い出し、大まかなメッセージ配信の計画表を作るのも大切です。配信したいメッセージの内容をある程度中長期スパンで考えることができれば、友だち数の増加を加味しながら有料プランへのアップグレードも前もって準備できます。

「配信カレンダー」は季節ごとのイベントを把握するのに便利。

Q15 トーク画面内にWebサイトへの誘導ボタンを設置したい。

LINE公式アカウント／リッチメニュー

LINE公式アカウントから外部のWebサイトに誘導したいのですが、URLをメッセージ配信してもなかなかアクセスしてもらえません。何かよい方法はありますか？

A 「リッチメニュー」を活用しましょう。

画像や外部リンクを自由に設定できる

「リッチメニュー」を設定すると、トーク画面の下部にメニューを表示できます。ユーザーの目を引きやすく、タップされやすいのが特徴です。ショップカードなど**LINE上で使える機能だけでなく、リンクを指定すれば外部のWebサイトへの誘導もできます。**キャンペーンなどを実施するときに、情報のまとまっているページに友だちを遷移させることができれば、集客効果が見込めるでしょう。

リッチメニューにはテンプレートやデフォルト画像が用意されているので、設定は難しくありません。自分で用意した画像を使うこともできるので、デザインを確認しながら友だち追加したユーザーがタップしたくなるようなリッチメニューを作成しましょう。

なお、リッチメニューはボタンごとに画像を設定できません。オリジナルの画像をアップロードするとき、リッチメニューのテンプレートのレイアウトに合わせてデザインした1枚の画像を用意する必要があります。

「リッチメニュー」をタップすると、外部のWebサイトへのアクセスも可能。

期待できる効果

- トーク画面の下部に常に表示されているので、目に入りやすい
- ワンタップでさまざまな情報にアクセスしてもらえる
- 推したい情報をリッチメニューに含めると、友だちに届けやすい

リッチメニューの設定方法

1［ホーム］→**2**［リッチメニュー］を順にタップすると、リッチメニューの設定画面が表示される。[作成] をタップ。

［コンテンツ設定］が表示された。**3**［テンプレートを選択］をタップすると利用できるテンプレートの一覧が表示される。使用するものをタップして［選択］をタップ。

テンプレートが選択された。オリジナルの画像を使用する場合は **4**［背景画像をアップロード］をタップして、スマホの画像フォルダーから使用する画像を選択する。**5**［デフォルト画像を選択］から、目的に合う画像を選択して設定することも可能。設定が完了したら **6**［次へ］をタップ。

活用ノウハウ 1 導入・認知獲得編

057 次のページに続く

[アクション設定]が表示された。ボタンの中身を設定できる。7[タイプ]を選択すると、それに合わせて入力する項目が表示されるので、それぞれタップして入力する。完了したら8[次へ]をタップ。

[表示設定]が表示された。メニューのタイトルや表示期間、メニューバーのテキスト、メニューのデフォルト表示の設定ができる。9[保存]をタップすると[保存しますか？]と表示されるので、その中の[保存]をタップ。

リッチメニューが保存された。[ホーム]→[リッチメニュー]をタップすると、作成したリッチメニューを一覧で確認できる。保存したリッチメニューは、設定した表示期間になると自動で公開される。

Q16 LINE公式アカウント／有償ノベルティ
店舗に来店したユーザーに友だち追加してほしい。

お店を訪れたユーザーにLINE公式アカウントを友だち追加してほしいのですが、どのように案内すれば効果があるか分かりません。何かよい方法はありますか？

A 印刷するだけで使える、QRコード付きのポスターがあります。

活用ノウハウ 1 導入・認知獲得編

認証済アカウントなら有償ノベルティも購入できる

　LINE公式アカウントの友だちを増やすには、Web上での告知に加えて、店舗がある場合は来店したユーザーに友だち追加してもらうことが大切です。LINE公式アカウントを友だち追加してもらうことで、ユーザーとの関係性がより強化され、リピーター作りにつなげられます。

　店内でLINE公式アカウントの情報を知らせるには、Web版管理画面上でデザインとメッセージを選択するだけで簡単に作成できるポスターが便利です。**友だち追加用のQRコードが掲載されている**ので、スマホのカメラで読み取ってもらえば、簡単に友だち追加してもらえます。作成したデータを印刷して、お店の入り口や客席、レジ周りなどに掲出しましょう。ポスターはA2（420×594）、B2（515×728）など大きめのサイズで印刷すると、遠くからでも見やすいのでおすすめです。ポスターをA4サイズに印刷すれば、商品を購入した人に手渡したり、商品の配送時に同梱したりするチラシとしても利用できます。

　その他、認証済アカウントであれば、友だち追加用のQRコードが印刷された三角POPやショップカード、ステッカーなどの有償ノベルティ（Q.07／P.039）を管理画面から購入できます。ポスターを貼れない各テーブルやレジ周りに三角POPを置いたり、直接ショップカードを手渡したりすると、よりユーザーにLINE公式アカウントを友だち追加してもらいやすくなります。

　これらのアイテムを利用しつつ、友だち追加特典の提供方法など、店内のオペレーションを整理して、直接ユーザーとコミュニケーションを取るようにしてください。

次のページに続く

期待できる効果

- LINE公式アカウントを開設しているお店だとすぐに伝わる
- QRコードを読み込めばすぐに友だち追加してもらえる
- コーヒー1杯プレゼントなど、特典について書けば、待ち時間などにも友だち追加してもらいやすい

ポスターの作成方法

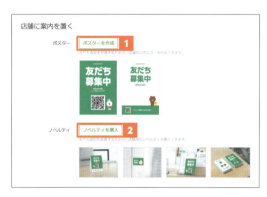

Web版管理画面で［ホーム］→［友だちを増やす］→［友だち追加ガイド］を順にクリックして画面をスクロールすると［店舗に案内を置く］と表示される。**1**［ポスターを作成］をクリックすると、作成画面に移動する。認証済アカウントは**2**［ノベルティを購入］をクリックすると、購入するノベルティの選択画面に移動する。

ポスターの作成画面では、デザインとキャッチコピーを選択できる。それぞれクリックして選択し**3**［作成］をクリックすると、ポスターの作成が完了する。

※未認証アカウントの場合、LINE FRIENDSのキャラクターが入っていないポスターデザインとなります。あらかじめご了承ください。

1 POINT ADVICE

ノベルティを設置するスペース例

ポスターのほか、有償ノベルティの設置場所を紹介します。「ユーザーの目につきやすい場所」を意識して、購入の上、設置の参考にしてください。

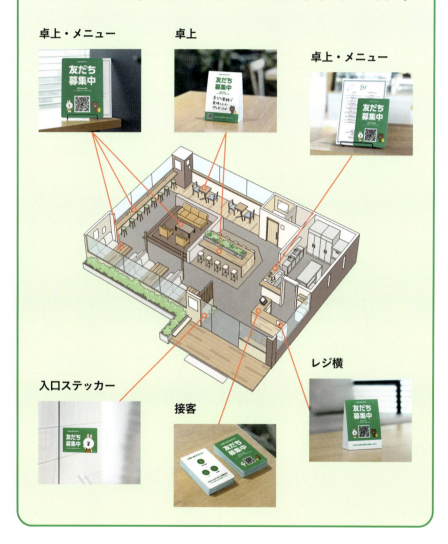

関連
Q.07　アカウント名の横についている「バッジ」は何？　　P.038

LINE公式アカウント／友だちの増やし方

Q 17 ユーザーにLINE公式アカウントを開設したことを知らせたい。

友だちの数がなかなか増えません。まずは、サイトの利用者やメルマガ会員などにLINE公式アカウントの存在を知らせて友だち追加してもらいたいのですが、いい方法はありますか？

A Webサイトやメルマガに「友だち追加ボタン」を設置しましょう。

Web上のタッチポイントから誘導する

　LINE公式アカウント開設後に思うように友だちが増えない場合は、LINE公式アカウントを開設したことがユーザーに知られていない可能性があります。まずは、LINE公式アカウントに興味を持ってもらいやすい既存ユーザー（サイト利用者やメルマガ会員など）に向けて、**告知できる場所を最大限活用しましょう**。友だちの数が増えることで、情報を届けられる人も増え、メッセージの配信効果が出やすくなります。

　まず、自社と既存ユーザーの接点となるWeb上の「タッチポイント」を整理しましょう。WebサイトやECサイト、メルマガ、LINE以外のSNSなどに「友だち追加ボタン」や友だち追加用のQRコードやURLを掲載すると、既存ユーザーはもちろん、新規ユーザーもLINE公式アカウントに誘導しやすくなります。特に、一定数のユーザーが訪れるWebサイトやフォロワー数の多いSNSアカウントがあれば、**目立つ場所に友だち追加ボタンやQRコードを設置することで、誘導効果が高まります**。

「友だち追加ボタン」は管理画面よりダウンロード可能。

期待できる効果

- QRコードや友だち追加ボタンからすぐに追加してもらえる
- メルマガから移行できれば、開封率のアップが期待できる
- すでに持っているWebサイトやSNSからの誘導が見込める

QRコードの発行方法

［ホーム］→［友だちを増やす］を順にタップすると［友だちを増やす］が表示される。**1**［QRコード］→［QRコードを保存］をタップすると友だち追加用のQRコード画像が端末に保存される。**2**［友だち追加ボタン］→［HTMLを表示］をタップすると、「友だち追加ボタン」のHTMLが表示されるので、コピーしてWebサイトなどに設置できる。**3**［SNSやメールでアカウントを宣伝する］から、各種SNSに友だち追加用のURLも投稿可能。

活用ノウハウ 1 導入・認知獲得編

ワンポイントアドバイス

サイト上で効果的な友だち追加ボタンの設置場所

　WebサイトやECサイトに「友だち追加ボタン」を設置するときは、ユーザーの目につきやすい場所を選ぶと効果的です。

①ファーストビュー　　②追従型ボタン

ユーザーがページを開いた際、真っ先に目に入る場所にボタンを設置する。

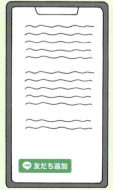

パソコンやスマホで画面をスクロールしても、フッターなどにボタンが追従（常に表示）するように設定する。

Q.18 友だちの数を一気に増やしたい。オススメの方法は？

LINE公式アカウント／友だち追加広告

LINE公式アカウントの運用を本格的に始める前に、ある程度の数の友だちを集めたいです。来店や購入してくれそうな人、ファンになってくれそうな人を集める方法を知りたいです。

A 「友だち追加広告」を使って集めましょう。

Web版管理画面から手軽に広告を配信できる

「友だち追加広告」は、**LINE公式アカウントの友だちを獲得するための広告を、LINEアプリ内に掲載するサービス**です。設定した予算の範囲内で広告が配信され、追加された友だち数に応じて課金されます。友だちの数を早く増やした上でコミュニケーションを取りたい場合などに有効です。

広告は性別、年代、エリアなどでターゲティングできるので、自社の顧客層に合ったユーザーに広告を配信して、友だちを集客できます。それまで接点のなかったユーザーにもリーチできるでしょう。

トークリストのほか、LINE NEWS面などにも広告が配信される。

友だち追加広告の配信は、LINE公式アカウントのWeb版管理画面から行う方法と、LINE広告から行う方法（Q.21／P.072）があります。Web版管理画面からの**友だち追加広告は最小限の設定で配信できる**ので、ネット広告の初心者や、簡単に配信したい人は利用してみましょう。なお、認証済アカウントでないと利用できません。

期待できる効果

- 店舗がある地域のユーザーに広告を配信できる
- 商品のターゲットに合ったユーザーに友だち追加してもらえる
- 店舗やサービスを知らない人にもアプローチできる

友だち追加広告の配信方法

Web版管理画面で［ホーム］→［友だちを増やす］→［友だち追加広告］→［利用を開始する］→［作成］を順にクリック。続いて［ターゲット］で広告を配信したいユーザーの **1**［性別］と **2**［年齢］、**3**［エリア］と **4**［興味・関心］を設定して **5**［次へ］をクリックすると、［予算］が表示される。

画面に従って予算を設定して［次へ］をクリックしたら、［クリエイティブ］で広告の **6**［タイトル］や **7**［説明文］、**8**［画像］を設定。プレビューの確認も可能。［次へ］をクリックすると［確認］が表示されるので、設定を確認して［保存して次へ］をクリック。続いて［お支払い方法］に表示された情報が正しいかを確認してから［審査を申請］をクリック。審査が承認されると、広告の配信が開始される。

Q19 LINE公式アカウント／LINE VOOM

動画を活用して、自社の情報発信を行いたい。

> 若年層にお店をアピールしたいので、動画を使った情報発信を考えています。気軽にお店の紹介動画を見てもらいながら、ユーザーとコミュニケーションが取れるような機能はありませんか？

A 「LINE VOOM」を活用しましょう。

動画で訴求できる「プル型」コミュニケーション

「LINE VOOM」は、主に動画コンテンツの投稿を通じて、ユーザーとのコミュニケーションが取れる機能です。LINEアプリでは、ユーザーのスマホに通知が入る「プッシュ型」のコミュニケーションができるメッセージ配信に対し、ユーザーが自ら情報を探しに来る「プル型」のコミュニケーションを、テキストや画像を投稿できる旧「タイムライン」で提供していました。**2021年冬、タイムラインはLINE VOOMとして、ユーザーの興味に合った動画コンテンツを中心に表示される機能にリニューアルされます**（静止画コンテンツの投稿も可能）。

LINE VOOMの特徴は大きく3つあります。1つ目は、投稿された動画に対して、ユーザーが気軽に「いいね」や「コメント」を付けられることです。LINE公式アカウントは、それらの反応に返信可能です。こうしたやりとりが、ユーザーとのコミュニケーションの活性化につながります。

2つ目は、投稿の「シェア」です。フォロワーが投稿を「シェア」すると、そのフォロワーがLINE VOOMでつながっているフォロワーにも、投稿が表示されます。LINE公式アカウントを友だち追加しているユーザー以

LINE公式アカウントのプロフィールからも、企業・店舗の投稿内容を確認できる。

外への拡散も見込めるので、動画をフックに自社のアカウントを見つけてもらうきっかけになるでしょう。

3つ目は、LINE VOOMはメッセージ配信と異なり通数を気にせず何度も投稿できることです。月額無料のフリープランの場合、月1,000通の無料のメッセージ通数を超えると配信ができません。しかし、LINE VOOMは旧タイムラインと同様に、投稿が通数としてカウントされないため、ユーザーへのアプローチを継続できます。

スマホの普及やネット回線の進化で、ユーザーは日頃からさまざまな動画コンテンツに触れています。**動画コンテンツは制作のハードルがやや高くなるものの、多くの情報を盛り込むことができます**。ぜひお店や商品の紹介動画などを作成して、LINEで投稿してみましょう。

期待できる効果

- 動画のコメント欄で、ユーザーとのコミュニケーションが深まる
- 動画投稿を通じて、新たな友だちを集客できる
- 無料メッセージ通数が0になった後も、情報発信を継続できる

「LINE VOOM」の投稿方法

※一般ユーザー向けの投稿方法です。企業・店舗がLINE VOOMに投稿をする際は、LINE公式アカウントの管理画面より行ってください。

LINEアプリで **1**［VOOM］→ **2**［フォロー中］→ **3**［+］を順にタップ。

4［投稿］をタップすると、投稿内容の制作画面が表示される。**5**［リレー］や **6**［カメラ］のモードもある。

次のページに続く

投稿内容の制作が完了したら、**7**［投稿］をタップ。

投稿が完了した。

> ### ワンポイントアドバイス
>
> **「友だち」と「フォロー」の違い**
> 　LINE公式アカウントの「友だち」とLINE VOOMの「フォロー」の違いは以下の2点です。友だちとフォローの両方をユーザーに活用してもらうと、相乗効果が見込めます。
>
> **LINE公式アカウントの「友だち」**
> - LINE公式アカウントからのメッセージ配信が受け取れる
> - LINE VOOMへの投稿が、「フォロー中」のタブに表示されない
>
> **LINE VOOMの「フォロー」**
> - LINE公式アカウントのメッセージ配信は受け取れない
> - LINE VOOMへの投稿が、「フォロー中」のタブに表示される

LINE広告／審査

Q20 LINE広告の審査が通らない。

LINE広告の管理画面で初期設定をしたところ、審査否認になったと連絡がありました。問題なく設定したつもりですが、どこに問題があるのか分からず困っています。

A 審査のポイントを確認してから再申請しましょう。

ガイドラインに従って再申請する

　LINE広告は配信前に、「**広告アカウント**」「**広告**」「**クリエイティブ（メディア）**」の**3つの項目で審査が行われます**。広告のクオリティを担保し、よりユーザーにフィットした内容になるように、以下のような基準で審査されます。

　特に広告アカウントでは、単純な入力ミスなどが原因で審査に通らない場合があります。審査結果が通知されるメールに否認理由が簡単に記されているので、それを参考に「LINE広告審査ガイドライン」を見直して、修正の上、再申請してください。

[審査内容とポイント]

審査内容	ポイント
広告アカウント	広告主の正式名称、広告主とWebサイトの関係、広告主の詳細情報、商材の正式名称が入っていること。商材URL、LINE公式アカウントのIDが正しいこと
広告	訴求する商材、クリエイティブ、遷移先のLPやアプリ、広告のタイトル、ディスクリプションの内容
クリエイティブ（メディア）	広告の画像や動画の内容。広告を見たユーザーが誤解しないか、不快にならないか、安心・安全に利用できるか

活用ノウハウ 1　導入・認知獲得編

次のページに続く

069

▷ **LINE広告 審査ガイドライン**

https://www.linebiz.com/jp/service/line-ads/guideline/

▷ **LINE広告 審査の基本**

https://www.linebiz.com/jp/service/line-ads/review/

期待できる効果

- 審査を通じて広告のクオリティが担保される
- 内容に不備がある場合は配信されないので、炎上リスクが少ない

審査ステータスの確認方法

管理画面で初期設定をしたあと、審査が完了したタイミングで結果が **1** ［配信ステータス］に表示される。

広告アカウントの確認ポイント

1 ［広告主正式名］に正式名称が入っているかを確認する。「株式会社」などを省略してはいけない。**2** ［広告主ウェブサイトのURL］は、URLが有効か、Webサイト内に **1** に記入した広告主の情報（企業名、代表者名、事業概要、所在地など）が記載されているかも審査される。

3 ［商材正式名称］が正しい表記か確認する。略称で記載されていたり、ひらがな・カタカナ・漢字や、アルファベットの大文字・小文字が間違っていたりする場合が多い。
4 ［商材URL］は、**2** と同様に、URLが有効か、Webサイトで **3** の正式名称を確認できるかに加え、このWebサイト内で広告主の詳細情報が確認できるかも審査される。**5**［LINE公式アカウントのベーシックID／プレミアムID］は、利用中のLINE公式アカウントか、アカウント表示名およびプロフィール画像が商材と関連しているかが審査される。**5** は文字列が間違っていることが多いので、入力前に確認する。

関連

Q.21 友だち追加広告を配信するユーザーを、さらに絞り込みたい。……… P.072

LINE広告／友だち追加

Q 21 友だち追加広告を配信するユーザーを、さらに絞り込みたい。

 LINE公式アカウントの「友だち追加広告」を利用したのですが、さらにターゲティングを絞り込んで友だちを集めたいです。何かよい機能はありませんか？

A LINE広告の「友だち追加」を配信しましょう。

LINE広告ならより詳細なターゲティングが可能

　LINE広告の「友だち追加」では、LINE公式アカウントの「友だち追加広告」（Q.18／P.064）より細かいターゲティング設定や、既存の友だちのデータを利用したターゲティングができます。「友だち追加」と「友だち追加広告」により配信される広告の見え方は同じですが、**LINE広告の「友だち追加」のほうが、より自社の商品やサービスにフィットする友だちを集客できます**。

　LINE広告の利用には、Q.03（P.030）を参考にLINEビジネスIDを発行し、LINE広告の管理画面にログインしたのち、広告アカウントの作成が必要です。

　続いてキャンペーンの作成を行う際、「友だち追加」を選択してください。広告グループの作成画面では、ターゲット設定でデモグラフィックデータ、詳細ターゲティング（興味・関心、行動、属性など）、オーディエンス（自社サイトの訪問ユーザー、メールアドレス、LINE公式アカウントの友だち、またはその類似オーディエンスなど）の設定が可能です（※P.223参照）。ただし、最初からターゲティングを狭めすぎると配信量が少なくなるので、まずは広めに配信し、徐々にターゲティングを狭めるとよいでしょう。また、CPF（Cost Per Friends：友だち獲得単価）が高騰しないように自動入札を選択すれば、最適な入札単価の調整が行われるのでオススメです。

　予算については、キャンペーンの作成画面で上限予算、広告グループの作成画面で1日の予算を設定できます。広告にかけられる全体予算を考慮しながら、適切な額を振り分けてください。

　友だちの獲得後、LINE公式アカウント上で情報発信してコミュニケーションを続ければ、自社のファン作りにつながるでしょう。

期待できる効果

- より精緻なターゲティングで広告を配信できる
- LINE公式アカウントのデータをターゲティングに活用できる
- ネット広告の運用経験がある人には使いやすい

広告アカウントの作成方法

LINE広告の管理画面にログインしておく。1 [広告アカウント] タブ→ 2 [新しい広告アカウントを作成] を順にクリック。

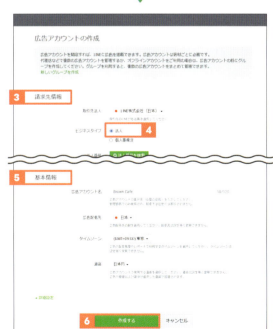

[広告アカウントの作成] が表示された。3 [請求先情報] で 4 [ビジネスタイプ] を選択し、それに従って情報を入力。続いて [広告主情報] [商材情報] 5 [基本情報] を入力して 6 [作成する] をクリックすると、広告アカウントが作成される。[商材情報] には、[LINE公式アカウントのベーシックID/プレミアムID] を入力する必要がある。

次のページに続く

［広告作成で設定する内容］

項目	内容
キャンペーン	配信の目的、掲載期間、上限予算など
広告グループ	ターゲティング、自動最適化オン／オフ、入札価格、1日の予算など
広告	広告フォーマット、テキスト、画像など

キャンペーンの作成方法

［広告アカウントタブ］で、作成した広告アカウント名をクリック。続いて［キャンペーン］タブ→［キャンペーンを作成］をクリック。［キャンペーンの目的］で **1**［友だち追加］をクリック。**2**［基本情報］や **3**［掲載期間］、**4**［任意設定］を設定して **5**［保存して広告グループを作成］をクリックすると、友だち追加が目的に設定されたキャンペーンの作成が完了する。

広告グループの作成方法と設定ポイント

キャンペーンを作成すると［広告グループを作成］が表示される。❶［基本情報］を入力したら、❷［ターゲット設定］を行う。設定を狭めすぎないことと、❸［詳細ターゲティング］と❹［オーディエンス］は、一定期間運用を続けた後で設定するのがポイント。❺［最適化と入札］の［入札単価の設定方法］は❻［友だち追加の最大化を目的に自動で設定］にすると、最適な入札価格調整が行われる。❼［予算設定］は施策全体にかかる予算を踏まえて設定。完了したら、❽［保存して広告作成へ］をクリック。

ワンポイントアドバイス

除外オーディエンスを活用しよう

　LINE広告の友だち追加を配信する際は、広告グループの作成時に「オーディエンス」の項目で、LINE公式アカウントの友だちオーディエンスを除外するように設定しましょう。すでに友だちになっているユーザーに広告が配信されないので、クリック率の悪化を防げます。

LINE広告／ウェブサイトへのアクセス

Q 22 ポスティングに代わる方法で、地域の人に宣伝したい。

ポスティングをしていますが、最近効果が薄くなってきているように感じます。近隣エリアにいる人に自社のWebサイトを見てもらい、認知度をアップしたいです。

A LINE広告の「ウェブサイトへのアクセス」を利用しましょう。

地域ターゲティングを適切に指定

　LINE広告は、Q.21（P.072）で解説したようなLINE公式アカウントの「友だち追加広告」に限らず、さまざまな目的で活用できます。例えば、自社のWebサイトやキャンペーン用のLP（ランディングページ：広告をクリックしたあとに遷移するWebサイト）に誘導して、認知度をアップさせるのにも効果的です。特に、店舗型ビジネスを営む場合は、**周辺にいるユーザーに商品やサービスを認知してもらえると来店や購入につながります**。こうした広告を配信するには、P.074を参考にキャンペーンで「ウェブサイトへのアクセス」を選択してください。

　また、広告グループの「ターゲット設定」では、広告を配信するユーザーの地域や性別、年齢に加えて、趣味・関心や行動、属性を設定できます（※P.223参照）。特に「地域」の設定は、市区町村や特定エリアの半径（店舗の住所から10km圏内など）を適切に指定することで、**従来のポスティングと同様に、近隣ユーザーに向けて広告を配信できます**。さらに、指定した地域にいる人が「地域に住んでいる」「働いている」「最近いた」かも指定できるので、店舗やエリアの特性によって使い分けましょう。

　ただし、ターゲティングを狭めすぎると、配信量が少なくなってしまいます。始めのうちはターゲティングを狭めすぎず、クリック数やコンバージョン数を見ながら徐々にターゲティングを狭めるとよいでしょう。

　店舗のオープンや周年キャンペーンなどを控えた時期にLINE広告の地域ターゲティングを使えば、効率よく認知度をアップさせることができます。なお、広告に使用するクリエイティブは、視認性が高くシンプルなメッセージにまとめると、配信効果が高くなります。

広告グループ設定のポイント

［ターゲット設定］はある程度広めになるよう、店舗の周辺エリアを指定する **1**［地域］のみ設定。**2**［クリック数の最大化を目的に自動で設定］を選択すると、最適な入札単価の調整が行われる。**3**［予算設定］は目標CPC×1日に獲得したいクリック数から算出する。

広告の作成方法

広告グループを作成すると**1**［広告を作成］が表示され、実際に配信する広告を作成できる。**2**［基本情報］の**3**［広告名］は広告一覧に表示される管理名で、配信には利用されない。続いて**4**［広告フォーマット］で、作成したい広告の表示形式をクリックして選択して［広告］の**5**［画像］を設定。**6**［タイトル］に入力した文字はボタンの横に、**7**［ディスクリプション］に入力した文字は画像の下部に表示される。広告をクリックしたユーザーを遷移させるURLは、**8**［ランディングページ］に入力する。**9**［広告を保存］をクリックすると作成が完了し、審査が開始される。配信イメージは**10**［プレビュー］で確認できる。

期待できる効果

- 店舗の近隣にいるユーザーに向けて広告を配信できる
- 特に興味を持ってくれそうな人に絞り込み、広告を配信できる
- ポスティングが難しい時期でも、オンラインでアプローチできる

ワンポイントアドバイス

ユーザーの目に留まるクリエイティブを作ろう

ユーザーに広告をタップしてもらうには「クリエイティブ」が重要です。

［広告の構成要素］

1［クリエイティブ］は、モバイル視聴環境が考慮された、視認性の高いものとする。指先が止まるような、印象に残るビジュアルになるよう意識。

2［タイトル］は、訴求内容を端的に表現しインパクトを持たせる。

3［ディスクリプション］で、**1**と**2**で補えない訴求内容を補完する。
配信面によっては**3**が表示されないので、**2**で商品の効果やメリットを訴求する。

［シンプルさを大切に］

LINE広告はスマホ環境で表示されるため、「視認性」が最も重要です。シンプルかつインパクトのあるクリエイティブを作成して、ユーザーの指を止めてもらえるようにしましょう。

- 要素が多く詰まって見える
- 内容が伝わってこない
- 商品のディテールが分からない

- 1つひとつの要素が立って、分かりやすい
- 「00% OFF」などユーザーメリットが伝わる
- 商品のディテールが見えて、興味関心がわく

活用ノウハウ **1** 導入・認知獲得編

Q 23

LINE広告／ウェブサイトコンバージョン

資料ダウンロードを促す広告を配信したい。

資料請求した人にフォローを兼ねて連絡をすると、来店や購入につながりやすい傾向があります。より多くのユーザーに資料請求してもらえるよう、広告でアプローチしたいです。

A

LINE広告の「ウェブサイトコンバージョン」を利用しましょう。

資料ダウンロードにつなげるおすすめ設定

　ネット広告は、広告をタップしたユーザーを、WebサイトやLPに遷移させることが可能です。遷移後にさまざまな情報に触れて興味関心を持ったユーザーは、商品やサービスについて解説したカタログや資料をダウンロードしたり、購入したりする場合があり、これらを「コンバージョン」と呼びます。

　LINE広告でも、こうしたコンバージョン獲得を目的とした広告を配信できます。まず、キャンペーンの作成で「ウェブサイトコンバージョン」を選択しましょう。

　広告グループの「ターゲット設定」は、始めからターゲティングを狭めすぎないように注意してください。LINE広告を一定期間運用すると、コンバージョンしたユーザーのデータが蓄積するので、Q.59（P.160）のオーディエンスデータを活用して、広告配信するのも有効です。

　ウェブサイトコンバージョンでは、ある程度の予算を確保した上で自動入札を選択するのがおすすめです。コンバージョンにかかる費用をCPA（顧客獲得単価）と呼びますが、一般的にCPAはクリック単価より割高になります。**自動入札は活用が進むほど精度が高くなっていく**ので、配信効果を見ながら運用改善を行い、2〜3カ月は広告出稿を続けましょう。

　また、コンバージョンしたユーザーは、自社の商品やサービスに興味があると考えられます。WebサイトやLPの分かりやすい位置、資料ダウンロードや商品購入後のサンクスページなどに、友だち追加ボタンを設置してLINE公式アカウントの友だち追加を促し、コミュニケーションを取りましょう。

広告グループ設定のポイント

［ターゲット設定］は狭めすぎないよう注意。**1**［詳細ターゲティング］と **2**［オーディエンス］は、運用を一定期間続けた後で設定する。**3**［コンバージョン数の最大化を目的に自動で設定］を選択すると、自動で最適な入札価格調整が行われる。予算設定の **4**［1日の予算］は施策全体にかかる予算を踏まえつつ、目標CPAの2倍を目安にして算出する。

次のページに続く

配信効果の改善方法

［さまざまなターゲティングを試す］

　広告の運用初期は、より配信効果の高いパターンを探してさまざまな配信設定を試す期間です。入札方法は自動入札に設定し、複数のオーディエンスデータを比較して配信効果を分析しましょう。始めのうちはターゲティングを広めに設定し、効果に合わせて徐々に設定を変更するのがオススメです。

［広告パターンを複数作成］

　Q.22（P.079）のワンポイントアドバイスの内容を参考に、クリエイティブを作り分けた上で、少なくとも3〜4種類は広告を作成しましょう。配信効果が高かったものを参考にクリエイティブを作り分けて運用すれば、次第にコンバージョン数がアップします。

［「1日の予算」をアップ］

　LINE広告のような運用型広告でオークションに勝つためには、1日あたりに使用する予算をアップするのも有効です。「1日の予算」は「目標CPA×1日に獲得したいコンバージョン数」で算出してください。運用初期は、目標CPAの2倍以上からスタートするのがおすすめです。コンバージョンが安定して得られるようになったら、クリエイティブの検証を繰り返しながら徐々に目標CPAを低くしましょう。

- **コンバージョン単価（1日の予算が決まっていない場合）**
  目標CPA（円）×獲得したいコンバージョン数＝1日の予算（円）
- **コンバージョン単価（1日の予算が決まっている場合）**
  1日の予算（円）÷獲得したいコンバージョン数＝目標CPA（円）

［オーディエンスを活用して広告を配信］

　Q.68（P.178）を参考に、資料請求ページやECサイトのカートページにベースコードを設置しましょう。これにより「コンバージョンしなかったものの、アクションする確度の高いユーザー」のデータが蓄積されるので、そのオーディエンスデータをもとにLINEオーディエンス配信や類似配信（Q.60／P.162）すると、コンバージョンの増加が見込めます。

期待できる効果

- 興味を持ってもらえそうなユーザーを狙って配信できる
- 自動入札で効率よくコンバージョンを獲得できる
- コンバージョン後、友だち追加してもらえればやりとりを継続可能

ワンポイントアドバイス

自動入札を活用しよう

　LINE広告を利用する際は、あらかじめ設定したイベント単価や予算内で入札額が自動調整される「自動入札」が便利です。

[自動入札と手動入札の違い]

入札方法	自動入札	手動入札
運用工数	ほぼかからない	かかる
入札の調整	広告が表示されるたび、入札額が自動調整される	配信効果を確認しながら、1日に数回手動で調整
判断基準	学習元データの蓄積	運用担当者の経験や知見

　自動入札の精度を高めるには、Webサイトへのアクセス数（クリック最大化）やWebサイトのコンバージョン数（コンバージョン最大化）などのデータが必要です。コンバージョン数は、30日間で40CVが目安となります。データが蓄積されると、自動入札の精度が徐々に安定していきます。

[自動入札の学習進捗の確認]

1 ［i］をクリックすると学習進捗が%で表示される

　自動入札の学習の進捗は、広告グループ内で確認できます。完了するまでは、入札額や1日の予算、ターゲティングなどの設定を頻繁に変更しないようにしてください。

Q24 ユーザーが自社のアカウントに期待していることを知りたい。

LINE公式アカウント／リサーチ

LINE公式アカウントでクーポンを配信するにしても、割引やプレゼントなど種類に迷います。ユーザーがLINE公式アカウントに何を期待しているか、率直な意見を聞いてみたいです。

A 「リサーチ」機能を活用しましょう。

LINE上でアンケート形式の調査ができる

　「リサーチ」は、アンケートの作成や配布、集計ができる機能です。メッセージなどで配布できるので、LINE公式アカウントで配信してほしい情報や欲しいクーポンについてなど、**ユーザーの意見や気持ちを知るのに便利**です。

　質問の形式は、「単一回答」「複数回答」「自由回答」（認証済アカウントのみ）があります。性別・年齢・居住地に関する質問の設定もできるので、**友だち追加してくれたユーザー属性の把握にも利用可能**です。リサーチ期間やリサーチを実施する会社名、ユーザーの同意など、リサーチに必要な項目も手軽に設定できるため、実施もスムーズです。ただし、回答が20件未満の場合はリサーチ結果をダウンロードできません。少なくとも20人以上の友だちを獲得した上で、お礼のクーポンを設定するのも、回答を促すのに効果的です。

「リサーチ」で、友だち追加しているユーザーへのアンケートを作成できる。

期待できる効果

- LINEからそのまま回答してもらえるので便利
- ユーザーの声をLINE公式アカウントの運用や改善に活かせる
- クーポンを配布すると、ユーザーの回答モチベーションが上がる

リサーチの設定方法

Web版管理画面で **1**［リサーチ］→［作成］を順にクリックすると、リサーチの作成画面が表示される。［基本設定］［紹介ページ設定］［サンクスページ設定］をすべて入力して **2**［次へ］をクリックすると、質問の設定画面が表示される。作成が完了し［保存］をクリックすると、リサーチをメッセージ配信できる。

ワンポイントアドバイス

リサーチの項目は明確かつ簡潔に

リサーチでは、「LINE公式アカウントを友だち追加した理由」を質問してみるのがオススメです。その際、選択肢は以下のように設定するとよいでしょう。

- 商品やサービスに興味・関心があったから
- 最新の情報が欲しいから
- クーポンやキャンペーンなど、お得な情報が欲しいから
- その他

また、業種によっては以下のような質問もおすすめです。

- 飲食→デリバリーの新メニュー候補
- 美容→接客満足度
- EC→新規取り扱いの商品について
- 教育・習い事→体験レッスンの感想

関連

Q.62　友だち追加してくれたユーザーとの関係を深めたい。　　P.166

COLUMN

長崎県の小さな島、平戸にあるスイーツブランドのLINE活用

LINEの法人向けサービスの活用方法や得られた成果をnoteで募集する企画「#みんなのLINEビジネス」より、コミュニケーション部門で最優秀賞を受賞したぱんだも氏が運用コンサルタントを担当した、スイーツブランド「cotoyu」の事例を紹介します。

取り組みについて

メッセージ配信で、旬の商品に関するクイズを毎月3問出題。クイズの参加で1ポイント、全問正解でさらに1ポイントがたまる、オリジナルのポイントカードを開発しました。程よい難易度で、ユーザーはクイズを通して、楽しみながらスイーツの素材や作り方のこだわりを知ることができます。

受賞者のコメント

ぱんだも氏
LINE公式アカウント伝道師

> cotoyu様は全国のお客さまから感謝の口コミも頻繁に届いている素晴らしいブランドです。今回、LINE公式アカウントを導入させていただくことでより多くのお客さまの声がより鮮明に、よりダイレクトに届くようになりました。LINEに届いたお客さまからのメッセージを読んでcotoyuのスタッフの方々もすごく喜んでくださっていました。
> LINE公式アカウントは集客ツールです。その一方で、今まで見えていなかった、「ありがとうが届く場所」でもあります。cotoyu様での事例が皆さまのLINE活用の参考になりましたら幸いです。お客さまとのコミュニケーションを楽しんでください。

ぱんだも氏のnote記事はこちら!
https://note.com/pandanu/n/nfff2ea0f3548

活用ノウハウ②
初回利用編

LINEの法人向けサービスを活用して、
ユーザーに自社のサービスを初めて利用してもらうための
ノウハウを解説しています。

LINE公式アカウント／LINEチャット

Q 25 チャットで質問や各種相談を受け付けたい。

来店前や購入前に、ユーザーから商品やサービスに関する質問を受けることが多いです。手軽に質問してもらえるよう、LINEを使ってユーザーとやりとりしたいです。

A 応答モードで「LINEチャット」を活用しましょう。

1対1でメッセージのやりとりができる

「LINEチャット」は、LINE公式アカウントと友だちになっているユーザーが、LINEのトーク機能を使ってテキストなどをやりとりできる機能です。友だちに一斉配信されるメッセージと異なり、LINEチャットで送信した内容が他のユーザーに公開されることはありません。1対1でやりとりできるので、きめ細やかなコミュニケーションに活用できます。

LINEチャットにはさまざまな設定がありますが、ユーザーからの個別の相談に細かく回答する場合は、手動で答えられる［チャット（手動）］の設定にしましょう。ただし、**企業・店舗からチャットを送ることはできず、メッセージを送ってくれたユーザーとしかLINEチャットを開始できない**点には注意が必要です。質問や相談がある場合はメッセージを送ってもらえるよう、あいさつメッセージなどを使ってあらかじめ伝えておきましょう。

チャットは、ユーザーとのプライベートなやりとりとなります。通常のLINEと同じく、相手を傷つけたり、不快にさせたりしないよう、細心の注意を払ってください。なお、チャットの送信方法はQ.26（P.090）で解説しています。

通常のLINEと同じように、ユーザーは企業・店舗とやりとりできる。

期待できる効果

- 来店前でも商品やサービスについて相談してもらえる
- 個別の相談にのると、ユーザーからの信頼感が高まる
- 画像や動画を一緒に送信すると、詳細なイメージを伝えやすい

チャットの設定方法

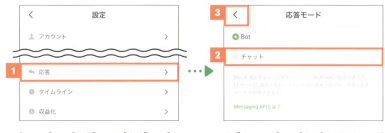

［ホーム］→［設定］→ 1 ［応答］→［応答モード］を順にタップ。

2 ［チャット］→［変更］を順にタップすると、チャットが利用できるようになる。3 をタップして1つ前の画面に戻る。

詳細設定から、チャットの方法を選択できる。個別にメッセージを送信したい場合は 4 ［チャット（手動）］に設定しておく。

Q26 LINEチャットを送信できるユーザーを増やしたい。

LINE公式アカウント／LINEチャット

予約の確認や連絡などにLINEチャットを使いたいです。ユーザーからメッセージを送ってもらわないとLINEチャットはできませんが、どうすればチャットができる友だちを増やせますか？

A メッセージを気軽に送ってもらえるように働きかけましょう。

チャットはユーザーのメッセージから開始する

　LINEチャットは、ユーザーが企業・店舗にメッセージを送信することで、やりとりを開始できます。これは、**ユーザーに安心してLINEチャットを利用してもらうための仕組み**ともいえます。

　予約の確認や変更などをユーザーに連絡する用途でチャットを使うなら、まずはユーザーからメッセージを送ってもらえるようにしましょう。一度送信してもらえば、それ以降は企業・店舗側からもチャットを送信できます。

［ユーザーにメッセージを送ってもらうアイデア］

- あいさつメッセージ内で、LINEチャットを許可してくれる人は、スタンプをメッセージで送ってもらえるように促す
- 予約をLINEチャットで受け付ける
- リサーチ（Q.24／P.084）代わりに、「どのような情報が欲しいかチャットでお寄せください」と促す
- 応答メッセージ（Q.27／P.092）で、特定のワード（店名や商品名）を含むメッセージを送るとクーポンなどを返すように設定する
- ステータスバー（Q.29／P.099）でチャットを受け付けていることを案内する
- 店頭などで「ぜひ、LINE公式アカウントに話しかけてくださいね」と声掛けをする

期待できる効果

- LINEチャットでやりとりできるので連絡しやすい
- チャット可能なユーザーが増えると来店や利用につながる
- 前日に予約のリマインドができると安心してもらえる

チャットの送信方法

1［チャット］をタップすると、LINE公式アカウントにメッセージを送信したユーザーが一覧で表示される。メッセージを送りたい**2**［ユーザー］をタップ。**3**［設定］をタップすると［チャット設定］を表示できる。

チャット画面が表示された。**4**［入力ボックス］でテキスト入力できるほか、**5**［+］をタップして画像やファイルなどを添付したり、**6**をタップしてスタンプを送信したりできる。メッセージの作成が完了して**7**［送信］をタップすると、ユーザーに個別のメッセージが送信される。

ワンポイントアドバイス

LINEチャットでは画像やPDFも送信可能

通常のLINEアプリと同じく、LINEチャットでも友だち追加してくれたユーザーとのやりとりで、画像やPDFなどを送信できます。ただし、各種ファイルは1年の保存期間が過ぎると閲覧できなくなるので、注意が必要です。

関連

Q.11　友だち追加してくれたユーザーに、最初にお礼を伝えたい。　　P.046
Q.27　よく聞かれる質問に効率的に回答したい。　　P.092

Q27 よく聞かれる質問に効率的に回答したい。

LINE公式アカウント／応答メッセージ

お客さまから、営業時間に関する質問をLINEチャットで度々いただきます。他にも同じ内容の質問が来ることがあるので、回答をスムーズにしたいです。

A キーワードに自動返信する「応答メッセージ」を設定しましょう。

キーワードに対して自動で返信

「応答メッセージ」とは、ユーザーからメッセージを受信したときに自動で送信されるメッセージのことです。「キーワード」が含まれたメッセージに対して、あらかじめ設定された内容を自動で返信します。よくある質問に応答メッセージを使って自動で対応できれば、業務負荷の削減や、ユーザーの課題の迅速な解決につながります。

指定したキーワードが含まれたメッセージに自動で返信できる。

応答メッセージを設定するには、ユーザーからのメッセージによく含まれる言葉をキーワードとして登録し、それに対して回答を入力します。例えば、営業時間についてよく質問されるなら、「営業時間」というキーワードと、その回答を設定しましょう。営業時間などの基本情報の他にも、パンの焼き上がり時間やクリーニングにかかる時間、保険適用の有無、テイクアウトの有無、予約キャンセル、送料など、**業界・業種それぞれのケースで、よく聞かれる質問を登録しておくと便利です。**

応答メッセージを設定したら、あいさつメッセージやメッセージ配信で、質問に対応しているキーワードを案内しておきましょう。ユーザーにチャットで質問してもらいやすくなります。

応答メッセージの設定方法

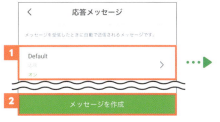

[ホーム]→[応答メッセージ]を順にタップ。[応答メッセージ]画面では、最初は **1**[Default]に設定されているので、それをタップ。[編集]画面で[ステータス]をオフにして[保存]をタップすると、デフォルトのメッセージが停止する。新たな応答メッセージを作成するには **2**[メッセージを作成]をタップ。

[作成]画面の[追加]をタップすると、メッセージの種類が表示される。[テキスト]をタップして選択すると、テキストメッセージを入力できる。**3**[友だちの表示名]をタップすると、メッセージにユーザー名を含めることが可能。設定が完了したら **4**[次へ]をタップ。画像などを追加したい場合は **5**[追加]をタップしてメッセージの種類を選択する。

6[タイトル]をタップして、メッセージの概要を入力。**7**[ステータス]と **8**[キーワード]をタップしてオンにする。反応するキーワードは **9**[キーワード（○）]をタップして設定する。設定が完了したら **10**[保存]をタップ。

キーワードの **11**[作成]をタップすると、入力ボックスが表示される。入力して[保存]をタップすると、キーワードを追加できる。1つの応答メッセージに対して複数のキーワードの設定が可能。

活用ノウハウ **2** 初回利用編

次のページに続く

APIを使ったボット機能

　さらに高度で効率的なコミュニケーションを行いたい場合は、Messaging APIを使ったボット機能の活用が有効です。ユーザーからメッセージを受け取ると、ボットサーバーから返信が送られます。APIを使ったボット機能を使うには、別途、開発パートナーとの連携（有料）が必要です。

期待できる効果

- すぐに返信できるので、ユーザーを待たせずに済む
- 手が離せないタイミングで質問が来ても、自動で返信可能
- 固定電話がなくても、LINE公式アカウントで代用できる

ワンポイントアドバイス

応答メッセージでは画像も自動返信できる

　テキストだけで情報を伝えにくいときは、応答メッセージに画像を添付すると親切です。飲食店であれば「オススメ」「メニュー」などのキーワードと、それに対する回答としてテキストと一緒に実際の商品画像を設定しましょう。

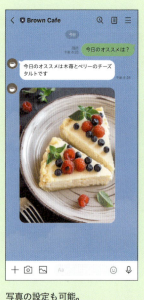

写真の設定も可能。

Q 28

LINE公式アカウント／AI応答メッセージ

簡単な質問に対して、最適な内容を手間をかけずに返信したい。

LINEチャットに、営業時間や店舗の場所など、プロフィールに書いてある内容についての質問がよく来ます。なるべく設定に時間をかけず、対応を自動化したいです。

A 「AI応答メッセージ」と手動での対応を使い分けましょう。

活用ノウハウ 2 初回利用編

簡単な質問はAI応答メッセージで自動応答

「AI応答メッセージ」は、ユーザーからの簡単な質問にAIが自動返信する機能です。**なるべく設定の手間をかけずに、チャット対応の工数削減を行うことができます**。

営業時間や店舗の場所など、よく聞かれる質問の回答を「AI応答メッセージ」（LINE公式アカウントの管理画面上では「スマートチャット」と表示されています）で設定すると、AIが内容を判断し、自動的に応答してくれます。**質問への回答は、アカウントのプロフィール情報から自動で作成される**ので、営業時間や店舗の所在地などの情報に変更があった場合はすぐに更新しましょう。

ただし、ユーザーから寄せられる込み入った質問は、応答メッセージ（Q.27／P.092）同様、適切な返信が難しいので、手動のLINEチャットに切り替えて対応しましょう。

チャットの内容をAIが判断して、メッセージを自動で返信できる。

期待できる効果

- 応答メッセージと違い、キーワード設定が不要
- 設定の手間をかけずに、簡単な質問に自動返信できる
- 手動のLINEチャットに切り替えられるので安心

次のページに続く

AI応答メッセージの設定方法

［ホーム］→［設定］→［応答］を順にタップ。**1**［応答モード］が［チャット］になっていない場合はタップして設定する。続いて、**2**［応答時間内］→［スマートチャット］をタップすると、AI応答メッセージを利用できる。

［ホーム］に戻り、［AI応答メッセージ］をタップするとAI応答メッセージの紹介が表示されるので、［さっそく設定する］をタップ。［業種カテゴリー設定］で当てはまる業種を選択→［保存］をタップすると、**3**［回答］の一覧が表示される。タップすると内容の確認や編集ができる。

ワンポイントアドバイス

時間帯によって応答方法を使い分けよう

　ピーク時や営業時間外などLINEチャットの手動での対応が難しい時間帯は、自動で返信できるとユーザーを待たせることもありません。自動で応答したいときは、Q.25（P.089）の手順を参考に「応答モード」の設定を適切に行いましょう。応答メッセージを使う場合は［Bot］に、AI応答メッセージを使う場合は［チャット］に設定してください。

関連

Q.10　LINE上で店舗の基本情報をユーザーに知らせたい。　　　　P.044

Q29 LINE公式アカウント／LINEチャット

手が離せないタイミングで、LINEチャットが来てしまう。

LINEチャットでメッセージが送られてきたとき、業務で手が離せずにすぐに返信できないことがあります。応答できない時間を設定した上で、対応することはできますか？

A 「応答時間設定」と「AI応答メッセージ」を組み合わせましょう。

活用ノウハウ 2 初回利用編

普段の業務に影響しない運用方法を選ぶ

LINEチャットは、ユーザーの問い合わせに直接返信できる便利な機能です。しかし、ランチタイムなどのピーク時には、手動ですぐに返信するのが難しいでしょう。その場合は、**管理画面上で応答時間を設定しつつ、自動応答を組み合わせて、効率的に運用できるようにしてください**。

応答モードを「チャット」にすると、応答対応ができる「応答時間」とできない「応答時間外」を設定できます。応答時間外の対応は、AI応答メッセージ、または応答メッセージのどちらで対応するかを設定できます。AI応答メッセージならば、応答時間内の対応も可能です。ただし、ユーザーからの質問内容が難しい場合、自動では対応が完了しないケースもあります。そうした問い合わせに対しては、業務が落ち着いた後に手動に切り替えて対応しましょう。手動に切り替える場合は、それまでのチャット履歴を踏まえて適切に回答するようにしてください。

なお、チャットの通知は通知設定から設定できます。応答時間内は通知をオンにしておくと、ユーザーから送られたチャットにすばやく気付くことが可能です。反対に、業務の邪魔になる場合はオフにしてもよいでしょう。

期待できる効果

- ピーク時は自動で対応することで、業務に集中できる
- 簡単な質問には自動ですばやく返信できるので、手間がかからない
- 手が空いているタイミングで、自動で返信した内容を確認できる

次のページに続く

通知設定の方法

1 をタップ。

2 ［ユーザー設定］→［通知］を順にタップ。

3 ［通知を許可］がオンになっているかを確認。**4** ［変更する］と表示されている場合はそれをタップして、端末の設定で通知を許可する必要がある。**5** ［アプリ内通知］で通知の形態を変更可能。

6 ［通知を受け取る項目］をタップすると、通知を受け取る項目を詳細に設定できる。

応答時間の設定方法

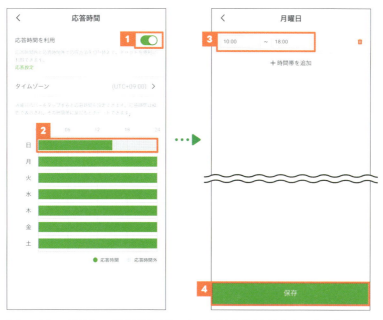

［チャット］→［設定］→［応答時間］を順にタップ。［応答時間を利用］を **1**［オン］にすると、応答時間と応答時間外で対応方法を変更できる。応答時間を設定するには各曜日の **2** バーをタップ。**3** に時刻を入力して **4**［保存］をタップすると、その曜日の設定が保存される。

ワンポイントアドバイス

「ステータスバー」で対応状況を知らせよう

　LINEチャットの機能で、トーク画面上部に応答状況を表示できる「ステータスバー」があります。チャットの応答モードや応答時間の目安などをユーザーに伝えることができるので、ぜひ活用しましょう。

対応状況を「ステータスバー」で表示可能。［チャット］→［設定］→［ステータスバー］から設定できる。

LINE公式アカウント／LINEチャット

Q 30 チャット対応を効率化しつつも、できるだけ丁寧に対応したい。

チャットのお問い合わせに対して、個別に返信するようにしています。ただ、決まった挨拶や共通する案内などを入力するのに時間がかかるので、その部分は効率化したいです。

A 「定型文」を活用しましょう。

定型文を使った返信で、やりとりを効率化

　LINEチャットでは、「定型文」を設定できます。ユーザーからのよくある問い合わせに手動で返信するときは、定型文を設定しておくと効率的に対応可能です。

　定型文では、書き出しの挨拶、文末の挨拶、店舗へのアクセス、予約や利用の案内、お詫び、お礼など、**高い頻度で利用する文章を設定しておくのがオススメです**。設定した定型文を追加して返信用のメッセージを作成すれば毎回入力する手間が省けるので、迅速かつミスのない返信が可能です。

　また、問い合わせ内容に合わせて定型文の前後に手動でメッセージを追加すれば、テンプレートのような印象を抱かせず、ユーザーにLINEチャットを返信することができます。定型文をうまく活用しながらも、自然に会話するようにユーザーとコミュニケーションが取れれば、関係性も深まるでしょう。

　定型文にはタイトルを設定できます。それぞれに「冒頭挨拶・秋」「結びの挨拶」「予約フォーマット」「お詫び」「お礼」などのタイトルを設定しておけば、複数人でLINEチャットに対応する際も、定型文の選択ミスを防ぐことができます。

期待できる効果

- 忙しいときも丁寧にLINEチャットで返信ができる
- チャットの送信ミスが減り、信頼感を高められる
- 自社のキャッチフレーズなど、入力に手間がかかる文にも使える

定型文の設定方法

1 ［チャット］→ 2 ［設定］→ ［定型文］
→ ［+］を順にタップすると ［定型文を
作成］が表示される。 3 ［タイトル］と
4 ［メッセージ］を入力して 5 ［保存］
をタップ。

定型文の送信方法

チャットを表示した状態でメッセージの
入力ボックスの横にある ［+］→ 1 ［定
型文］をタップすると、保存した定型文
の一覧が表示される。使用する定型文を
タップ。

入力ボックスに定型文が挿入された。メ
ッセージを手動で追加したり、一部を削
除したりすることもできる。編集が完了
したら 2 ［送信］をタップ。

Q31 LINE公式アカウント／LINEチャット

未対応のチャットがないか、気になってしまう。

LINEチャットでメッセージ対応をした後、やりとりが完結したかどうか分からなくなって、何度も管理画面を確認してしまいます。効率よく管理する方法はありませんか？

A チャットの「ステータス」を登録して管理しましょう。

チャットの状況を登録して対応漏れを防止する

　問い合わせの内容によっては、1回のやりとりで対応が完了しないチャットもあります。そこで役立つのがチャットの対応状況を登録できる「ステータス」機能です。対応中のものには「要対応」、完了したものには「対応済み」とステータスを登録することで管理しやすくなり、対応漏れもなくなります。

　ステータスを対応済みに変更する前に、問題が解決したか、他に困りごとがないかをユーザーに念のため確認すれば、後日「チャットを放置された」とクレームになるのを防げます。なお、**登録したステータスはユーザーには表示されません**。

　チャット一覧では、「未読」「要対応」「対応済み」でソートできます。複数名のスタッフでチャットの対応をしていたり、問い合わせが多く複数のユーザーとやりとりしていたりする場合は、状況を登録した上で「要対応」のものが残っていないかを必ず確認しましょう。「対応済み」にソートしてチャットを検索すると、過去の類似したやりとりを探し出せるので、返信に生かすことができます。

　対応済みになった後に、同じユーザーから新たにチャットが来ることもあります。その場合は、忘れずに「要対応」などにステータスを変更しましょう。

期待できる効果

- LINEチャット経由の問い合わせに、忘れずに返信できる
- 対応が途中のチャットを見落とさない
- 細やかに対応できると、気軽に相談してもらえるようになる

チャットのステータスの変更方法

[チャット]をタップして、ステータスを変更したいチャットをタップする。続いて **1** をタップ。

メニューが表示された。対応中のものには **2**[要対応オン]を、対応が完了したら **3**[対応済み]をタップ。**4** をタップするとチャットに戻る。

チャットの一覧では、**5**[ステータス]を確認できる。一覧をソートしたいときは **6** をタップ。

ワンポイントアドバイス

ユーザーの返信が途切れても安心

　LINEチャットはユーザーのスマートフォンにプッシュ通知されますが、受け手のタイミングによってはやりとりが途切れてしまい、対応完了までに時間がかかる場合があります。日頃からユーザーとのLINEチャットを頻繁に活用する企業・店舗は、ステータスをきちんと変更しておけば、「要対応」チャットをソートして一覧表示することが可能です。やりとりが途切れたユーザーに後日、リマインドすることで細やかなチャット対応ができ、安心感を持ってもらえます。

Q32 ユーザーの印象に残る、画像付きのメッセージを作りたい。

LINE公式アカウント／リッチメッセージ

他のLINE公式アカウントで、画像などを使った目をひくメッセージを見かけました。自社のメッセージ配信でも使ってみたいのですが、どのようにすればよいですか？

A 「リッチメッセージ」を作成しましょう。

リンクやクーポンへワンタップで誘導できる

「リッチメッセージ」とは、画像やテキスト情報が1つのビジュアルにまとまったメッセージです。リンクやクーポンを設定すれば、ワンタップでアクセスしてもらえます。**見た目のインパクトがあるのでトークを開いたときに印象に残りやすく、ユーザーのクリックを促せます。**

リッチメッセージは、Web版管理画面から作成可能です。テンプレートやタイトル、テキスト、背景画像、アクションを設定します。設定できるアクションは、クリックしたときにWebページへ遷移させる「リンク」と、LINE公式アカウント内のクーポンページに遷移させる「クーポン」の2種類です。複数のアクションを設定できるテンプレートもあり、別のリンクやクーポンを1つのメッセージに含めることができます。

リッチメッセージの背景画像は、あらかじめ用意した画像をアップロードするか、設定時に作成します。画像を用意する場合は、テンプレートと同じように区切られたデザインの、1枚の画像である必要があります。

作成したリッチメッセージの配信は、管理アプリでも可能です。アプリではメッセージ配信の画面からリッチメッセージの配信も行えます。

「リッチメッセージ」を使うとインパクトのあるメッセージを作成できる。

> **期待できる効果**

- 画像が入った、読み飛ばされにくいメッセージの作成が可能
- ユーザーの印象に残るので、アクションしてもらいやすい
- テンプレートに沿って簡単に作成できる

リッチメッセージの作成方法

Web版管理画面で［メッセージアイテム］→［リッチメッセージ］→［作成］を順にクリック。続いて **1**［テンプレートを選択］から使用するテンプレートを選択すると、背景画像やアクションの設定ができるようになる。アクションの **2**［タイプ］で「リンク」か「クーポン」どちらかを選択すると、ユーザーがメッセージをタップしたあとの操作の設定ができる。作成が完了したら **3**［保存］をクリック。完成したリッチメッセージはメッセージの作成画面から配信設定ができる。

> **ワンポイントアドバイス**
>
> **ユーザーの行動を促すデザインのポイント**
>
> リッチメッセージのクリックを促すには、デザインやテキストは極力シンプルにしましょう。その上で「詳細はこちら」といった要素を配置するのがポイントです。
>
>

LINE公式アカウント／LINEコール

Q33 リアルタイムで商品説明や カウンセリングを行いたい。

遠方のお客さまに商品案内やカウンセリングをしたいです。商品を見せつつお客さまの反応を見ながら話せる、気軽に利用できる機能があるといいのですが……。

A 無料で使える「LINEコール」を 活用しましょう。

LINE公式アカウントでビデオ通話ができる

「LINEコール」は、ユーザーからの音声通話やビデオ通話を、LINE公式アカウントで無料で受信できる機能です。

特にビデオ通話では、**店舗での接客と同様に、ユーザーの反応を伺いながら対応できます**。実際の商品や物件を動画で案内する、化粧品の使い方を教える、事前に希望するヘアスタイルのカウンセリングをする、アルバイトの面接をする、オンラインレッスンを提供するなど、さまざまな用途で活用できます。

LINEコールは、ユーザーがLINE公式アカウントのプロフィールにある電話アイコンをタップすると開始できます。LINEチャットと同様に企業・店舗側からは発信できないため、メッセージで利用方法を案内したり、通話リクエストをしたりしましょう。通話終了後には履歴が残るので、後からチャットでフォローすることもできます。

また、ライトプラン、スタンダードプランを利用している場合は、LINEコールの着信を店舗などの電話番号に無料で転送することも可能です。

電話アイコンをタップすると通話が開始される。

期待できる効果

- 無料なので、気軽に通話してもらえる
- ビデオ通話で、商品の使い方などを教えられる
- 顔を見ながら話せるので、ユーザーとの距離が縮まる

LINEコールの設定方法

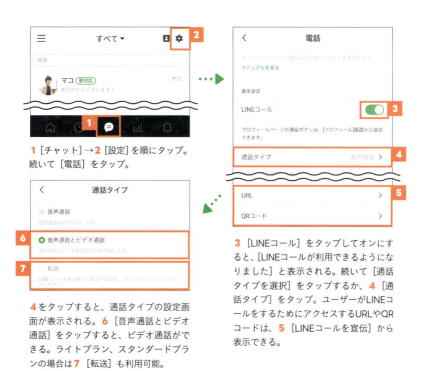

1 [チャット]→2 [設定]を順にタップ。続いて [電話] をタップ。

4をタップすると、通話タイプの設定画面が表示される。6 [音声通話とビデオ通話] をタップすると、ビデオ通話ができる。ライトプラン、スタンダードプランの場合は 7 [転送] も利用可能。

3 [LINEコール] をタップしてオンにすると、[LINEコールが利用できるようになりました] と表示される。続いて [通話タイプを選択] をタップするか、4 [通話タイプ] をタップ。ユーザーがLINEコールをするためにアクセスするURLやQRコードは、5 [LINEコールを宣伝] から表示できる。

ワンポイントアドバイス

QRコードでLINEコールの発信を活性化

LINEコールはURLやQRコード経由でも発信可能です。手順5で表示できるQRコードを名刺や紙のショップカードに掲載すれば、ユーザーからの発信を促すと同時にLINE公式アカウントも友だち追加してもらえるので、一石二鳥です。

Q 34 LINE公式アカウント／メッセージ配信、LINEチャット

テイクアウトサービスの告知や予約に利用できる？

新しくテイクアウトサービスを開始しました。このことを、既存顧客に伝えたいです。また、商品の予約注文も取れるといいなと思います。コストをかけずに実現する方法はありますか？

A 「メッセージ配信」と「LINEチャット」を併用しましょう。

告知はメッセージ配信、予約はLINEチャットで

　新たにテイクアウトサービスを始めるにあたって、予算をかけずに告知し予約を受け付けたいという場合は、**LINE公式アカウントの基本機能を最大限活用しましょう。**

　まず、メッセージ配信でテイクアウトサービスを開始したことをすでに友だち追加しているユーザーに伝えます。テイクアウトサービスの受付時間、メニューなどもあわせてお知らせしましょう。さらに、割引クーポンも一緒に配信できると、一気に利用意向が高まります。

　商品を予約する方法として、LINEチャットを活用するのも有効です。メッセージ配信で興味を持ったユーザーから、氏名、メニュー、個数、引き取り時間などを送ってもらいましょう。チャット内容を確認して返信した後、注文商品を準備します。引き取り時間を過ぎても来店がない場合は1対1のトーク画面でチャットを送信すれば、店舗側からの個別連絡が可能です。

　LINEチャットは、テイクアウトサービスに限らず、美容室の予約や教室・習い事の申し込みなど、さまざまな業界で予約を効率よく受け付けるのに便利です。

期待できる効果

- LINE公式アカウントの基本機能でテイクアウトサービスを提供できる
- テイクアウトに関する告知が、そのままメニューの宣伝にもなる
- 自社に興味を持つ「友だち」からサービス利用を広げられる

テイクアウトでの活用例

活用ノウハウ 2 初回利用編

テイクアウトの告知や予約方法は、友だちにメッセージを送信して伝える。**1**［クーポン］を付けるのも効果的。

ユーザーから注文に関するLINEチャットが送信されたら、**2**［チャット］で内容を確認して返信する。引き取り時間にあらためてチャットをしてもよい。

ワンポイントアドバイス

LINEチャットで注文処理のミスをなくす

　テイクアウトサービスの注文受付を電話で行う場合は記録が残りにくいため、メニューや引き取り時間など、注文の取り違えが発生する可能性があります。LINEチャットは手軽に利用できるだけでなく、ユーザーとのやりとりが履歴として残るため、トラブル防止にもつながります。

関連

Q.12	DMやチラシの代わりになる、情報の発信手段を探している。	P.048
Q.13	友だちにメッセージと一緒にクーポンを配布したい。	P.051
Q.25	チャットで質問や各種相談を受け付けたい。	P.088

Q 35 LINE公式アカウント／位置情報
デリバリー効率化のために、ユーザーの位置情報を確認したい。

デリバリーが徐々に軌道に乗ってきたのですが、お届けする際、住所だけだと場所が分かりにくいことがあります。LINEを使って、ユーザーと位置情報をやりとりできますか？

A チャットで位置情報を送信してもらいましょう。

トーク画面で位置情報をやりとりできる

　デリバリーの配達スタッフにとって、届け先の分かりやすさは業務効率に大きく影響します。LINEチャットでユーザーの位置情報を共有してもらえば、**分かりにくい場所や、入り組んだ場所でも簡単に把握できます**。

　位置情報はユーザー同士の情報共有や待ち合わせによく使われる機能ですが、企業・店舗のLINE公式アカウントが相手でも使用可能です。位置情報を送信してもらいたいときは、次ページで解説する操作手順をユーザーに伝えましょう。住所とともに位置情報を確認できれば、スムーズに商品をお届けして、ユーザーの満足度を高めることができます。

送信された位置情報をタップすると、場所が地図上に表示される。

期待できる効果
- 位置情報を送ってもらうことで、道に迷うのを防げる
- 外出先など、自宅以外の場所にいるユーザーへの配達時にも便利
- テキストで行き方を説明してもらうよりも場所を正確に把握できる

ユーザーが位置情報を送信する方法

1 [+] をタップ。

2 [位置情報] をタップ。

[位置情報] が表示された。3 [送信] をタップ。

ユーザーとのLINEチャットを確認すると、4 [位置情報] が送信されているのを確認できた。4をタップすると、ユーザーのスマホにも地図が表示される。

> **ワンポイントアドバイス**
>
> ### LINE URLスキームで操作説明をクイックに
>
> 　LINE公式アカウントとユーザー間のやりとりでは、「カメラとカメラロールを開いて画像を送る」「プロフィール情報を開く」などの動作が、URLをクリックするだけで完了する「LINE URLスキーム」を利用できます。以下のURLをユーザーに送信してそれをワンタップしてもらえば、ユーザーの端末で位置情報の送信画面が起動します。
>
> - https://line.me/R/nv/location/

LINEミニアプリ／テーブルオーダー

Q 36 オーダーをとるとき、店員とお客さまの接触をなるべく減らしたい。

 飲食店を経営しています。オーダー処理をスムーズにして、人との接触を減らしたいです。専用のオーダーシステムは大きなコストがかかるので、気軽に実現できる方法を探しています。

A 「LINEミニアプリ」で、ユーザーのスマホから注文してもらえます。

LINEで注文処理が便利になる

LINEミニアプリとは、LINE上でさまざまなサービスを提供できるWebアプリケーションです。開発パートナーに依頼して開発する個別開発のものと、開発パートナーがパッケージ販売するものの、大きく2パターンの導入方法があります。

ユーザーは、店舗にあるQRコードを読み取るなどするだけで、LINE上でLINEミニアプリが起動し、サービスを利用できます。そのため、別のアプリをインストールする必要はありません。さらに、サービス利用にはユーザーのスマホを利用するため、端末導入のコストを削減できますし、ユーザー自身が注文内容を入力するので業務効率化も図れるなど、企業・店舗側にも大きなメリットがあります。

LINEミニアプリで提供されるソリューションには、**飲食店内の注文処理に対応した「テーブルオーダー」がパッケージとして用意されている**ので、クイックな導入が可能です。代表的なパッケージを次ページで紹介します。

期待できる効果

- アプリのインストールが不要なのでスムーズに案内できる
- LINEミニアプリの利用には、専用端末を用意する必要がない
- 手が離せないタイミングでも、ユーザーに自由に注文してもらえる

ダイニーセルフ（提供企業：株式会社dinii）

POSやCRMと連動した飲食店向けモバイルオーダーのLINEミニアプリを、簡単に開発・提供可能にします。

▷ **パッケージの詳細**
https://line-marketplace.com/jp/mini-app/dinii

[パッケージの特徴]

- **QRコードからすぐに注文可能**
  テーブル上のQRコードをLINEで読み込むだけで、注文が可能。アプリのダウンロードや面倒な情報入力は不要です。

- **省人化で店舗運営を効率化**
  店内での注文対応がなくなり、30万円以上の人件費削減に成功した利用ケースも！店舗運営の効率化やスタッフとユーザーの非接触を実現します。

- **LINE公式アカウントの友だち数アップ**
  注文利用に合わせてユーザーをLINE公式アカウントの友だちにスムーズに追加し、メッセージを配信して再来店を促せます。

- **簡単に操作できる管理画面**
  直感的に操作できるシンプルな管理画面だから、掲載内容も簡単に変更でき、メニュー管理が効率的に行えます。

- **投げ銭機能「推しエール」搭載**
  接客の良かったスタッフや、輝いているスタッフにお客さまから投げ銭をしてもらえる機能を搭載。スタッフのモチベーションアップや、接客力の向上に最適です。

活用ノウハウ 2 初回利用編

Q 37 LINEミニアプリ／テイクアウト・デリバリー

テイクアウトの商品をスムーズに受け渡したい。

テイクアウトが好評ですが、お昼時になると、商品の受け取りのために人が並んでしまって、時間がかかります。スムーズに受け渡すために、何かよい方法はありませんか？

A LINEミニアプリの「テイクアウト・デリバリー」を活用しましょう。

注文と決済は事前に、店頭では受け取りだけ

　飲食店にとって新たな売上の柱となる「テイクアウト・デリバリー」を、LINEミニアプリを活用して円滑に実施できます。ユーザーはLINE上から起動できるLINEミニアプリで事前に注文し、決済まで可能です。あとは店頭で商品を受け取るだけなので、店内でメニュー選択や支払いをする必要がなく、短時間で買い物を済ませられます。また、デリバリーの場合も、事前にLINEミニアプリ上で注文と決済を済ませているため、商品配達時のやりとりが不要でスムーズです。

　さらに、テイクアウト・デリバリーの機能を持つLINEミニアプリを使うと、店舗独自のテイクアウト・デリバリーのメニュー設定のほか、支払い設定も簡単にできるので、店側は業務効率化を図れます。**事前に支払いをしてもらえるので、予約したのに受け取りに来ないといったロスを防げる**のもメリットです。他のLINEミニアプリと同様に、個別開発と、開発パートナーがパッケージ販売するLINEミニアプリの導入の、2通りの導入方法があります。代表的なパッケージを次ページで紹介します。

期待できる効果

- アプリをインストールする手間がないため抵抗なく使ってもらえる
- 店頭の混雑を緩和し、スムーズに案内できる
- 事前に支払いが済んでいるので、商品のロスが発生しにくい

CX ORDER（提供企業：クラスメソッド株式会社）

LINE上で店舗独自のモバイルオーダーを提供できます。テイクアウト（店外事前注文）・テーブルオーダー（店内注文）ともに提供が可能です。

[パッケージの特徴]

- **LINE上で注文から決済まで可能**
QRコードを読み込むだけで、LINEから注文が可能。LINE Payの利用ユーザーはそのまま決済まで行えます。

- **店舗での受け取りもスムーズに**
商品の準備ができたら、店舗からメッセージを送信。ユーザーは来店して商品を受け取るだけなので、スムーズな顧客体験を提供できます。

- **店舗側も使いやすいサービス設計**
「受注確認」「売上管理」「商品登録・集計」などをスマホやiPadからも確認できる、使い勝手のよい管理画面を提供しています。

▷ パッケージの詳細
https://cxorder.jp/lp/

> **ワンポイントアドバイス**
>
> ### ライトユーザーをリピーターに
>
> テイクアウト・デリバリーのLINEミニアプリを使えば、LINE経由で注文したユーザーに、注文完了や商品のできあがりをお知らせする無料のサービスメッセージ（LINEミニアプリ専用のLINE公式アカウント）を送信可能です。初回利用ユーザーを細やかにケアすることでその後のリピートも促せます。

Q 38 店頭での順番待ちを減らして、ユーザーをスムーズに案内したい。

LINEミニアプリ／順番待ち・呼び出し

店頭で順番待ちが発生してしまいます。順番が来るまでお客さまには自由に外で過ごしていただき、順番が来たらメッセージでお知らせできるようなサービスはありますか？

A LINEミニアプリで、順番待ち受付を効率化しましょう。

行列ができるより、スムーズに入店できる店にする

　LINEミニアプリでは、飲食店をはじめとする**サービス業の順番待ちや、呼び出しのお知らせをLINEのメッセージで配信することができます**。店舗や施設における混雑状況の確認、順番待ちの発券・呼び出し通知がLINE上から可能になる「順番待ち・呼び出し」のLINEミニアプリがパッケージで用意されているため、開発パートナーに依頼することでクイックな導入が可能です。

　順番待ち・呼び出し受付に対応するアプリはいくつかあります。受付の仕方や運用方法はそれぞれ異なりますが、アプリで受け付けたユーザーの順番が来ると、LINEのメッセージで通知されるものもあります。整理番号の作成（発券）方法や、順番が来たユーザーの受付方法を選べるだけでなく、待ち時間表示、一括呼び出し、整理券プリントなどにも対応可能です。どのように運用したいかを、まずは開発パートナーに相談してみましょう。代表的なパッケージを次ページで紹介します。

期待できる効果

- LINE上で順番待ち機能を利用できるので、離脱防止につながる
- 待ち時間の混雑を減らすことができ、衛生面でも安心
- 呼び出しをLINEで行えば、すぐに気付いてもらえる

matoca
(提供企業：株式会社ブレイブテクノロジー)

オフライン・オンラインを問わずアクセスしやすい順番待ち・整理券の発券・呼び出し通知サービスです。

▷ **パッケージの詳細**

https://line-marketplace.com/jp/mini-app/matoca

[パッケージの特徴]

- **QRコードを読み込んですぐに発券可能**

  店舗の入り口にあるQRコードやWeb上から、数秒で順番待ちの発券ができます。その後、ユーザーの順番が近づくとメッセージ配信で呼び出しも可能。LINEで手軽に順番待ちサービスを提供できるので、機会損失の防止を見込めます。

- **LINE公式アカウントへと自然に誘導**

  matocaは、自社のLINE公式アカウントにユーザーを自然な形で友だち追加できるようにサービス設計されています。友だち追加したユーザーに新商品情報やイベント情報などを配信すれば、リピーター育成に役立ちます。

> **ワンポイントアドバイス**
>
> ### イベントの入場整理もLINEミニアプリで効率化
>
> 順番待ち・呼び出し機能を持つLINEミニアプリは、飲食店だけではなく、イベント開催時にも有効です。例えば、期間限定のポップアップストアなど、行列が生まれがちなイベントでLINEミニアプリを利用すれば、スムーズな入場案内を行えるので、ユーザーにストレスなくイベントを楽しんでもらうことができます。

活用ノウハウ 2 初回利用編

Q39 予約をLINEのみで管理したい。便利なサービスはある？

LINEマーケットプレイス

飲食店を経営しています。テイクアウトやデリバリーの予約を管理できる機能を試してみたいです。なるべく大がかりな開発が要らず、手軽に導入できるものを探しています。

A 「LINEマーケットプレイス」を活用しましょう。

開発不要・低価格で利用できる

「LINEマーケットプレイス」は、予約受付を始め、テイクアウトやデリバリーの注文受付、デジタル会員証、顧客管理、順番待ち管理、来店計測など、**さまざまなサービスをLINE公式アカウントの拡張機能として提供しています**。LINE公式アカウントがあれば開発不要・低価格で利用可能です。美容サロンや飲食店、小売店、習い事など、多様な業種でのデジタル化を実現し、店舗運営の効率化や売上拡大につなげられます。

例えば、次ページで紹介しているような予約受付のサービスを活用すれば、ユーザーは電話やログインなどの手間をかけず、LINE経由で予約できるようになります。予約後にクーポンを配信したり、新商品の情報をお知らせしたりすれば、リピーター獲得につなげることも可能です。

▷ **LINEマーケットプレイス**
https://line-marketplace.com/jp

期待できる効果

- 自社開発不要で利用できる
- 問い合わせから利用開始まで、オンラインで完結するものもある
- 業務のデジタル化推進につながる

リピッテ ビューティー
（提供企業：株式会社コネクター・ジャパン）

　美容系サービスに加え、クリニックやスポーツジムなどでも利用可能な予約サービスです。ユーザーはLINE公式アカウントを友だち追加し、LINEチャットで日程を会話形式で選択するだけで予約ができます。予約は自動で受付・管理されます。

▷ リピッテ ビューティー
https://line-marketplace.com/jp/app/repitte_beauty

テイクアウト・デリバリーどこでも注文くん
（提供企業：株式会社チューズモンスター）

　LINE公式アカウントでテイクアウトなどを簡単に注文できます。事前注文や決済はもちろん、受け取り方法や日時も指定でき、お店では商品を渡すだけ。飲食店や小売店などでの活用が見込まれます。

▷ テイクアウト・デリバリーどこでも注文くん
https://line-marketplace.com/jp/app/anywhere-chumonkun

> **ワンポイントアドバイス**
>
> ### マーケットプレイスのその他の機能もチェック
>
> 　LINEマーケットプレイスには、EC機能を簡単に実装したり、オススメの商品やサービスの診断コンテンツを作成したりできる拡張機能もあります。自社の課題に合わせて、ぜひLINEマーケットプレイスのサイトをチェックしてください。

Q 40

LINE公式アカウント、LINE広告／運用サポート

サービス運用や技術的なサポートを受けたい。

LINE公式アカウントやLINE広告の運用を開始しましたが、なかなかうまく運用できません。技術的に難しいこともあるので、サポートしてくれる企業を探しています。

A LINEの認定パートナーに相談しましょう。

目的に応じて、認定パートナーを探す

　LINE公式アカウントやLINE広告を運用していく中で、本書や各種サポートコンテンツだけでは解決できない問題も出てくるかもしれません。そうした場合は、LINEが提供する各種法人向けサービスの販売・開発を行う広告代理店や、サービスデベロッパーを認定・表彰するパートナープログラム「LINE Biz Partner Program」に参画している企業に、支援を依頼することを検討してもよいでしょう。

　認定パートナーはLINEに関するサービスの支援において、豊富な実績があり、課題に合わせた提案力があります。 さらに、認定パートナー限定の付帯サービスを利用できるため、**効率的かつきめ細かい支援を受けられる**のが特徴です。次ページで紹介するように、「Sales Partner」「Technology Partner」「Planning Partner」の3種類があります。パートナーを探すには、以下のURLにアクセスしてください。

▷ パートナーを探す
https://www.linebiz.com/jp/partner/

期待できる効果

- **LINEが認定している企業に相談できる**
- 技術的な支援だけではなく、導入や運用の相談も可能
- プロのサポートのもと、**LINEのビジネス活用の幅が広がる**

[Sales Partner（セールスパートナー）]

　「LINE公式アカウント」や「LINE広告」、「LINEで応募」を中心とした、広告サービスを販売するパートナーです。LINEでは「LINE Biz Partner Award」を毎年開催しており、優れたパートナーを「Diamond」「Gold」「Silver」の3段階に分けて表彰しています。また、中小企業の支援に注力する「SMB Sales Partner」もいます。

[Technology Partner（テクノロジーパートナー）]

　LINE公式アカウント、LINE広告、LINEで応募を中心とした広告商品とAPI関連サービスの導入において、技術支援を行うパートナーです。パートナーによって得意領域が異なるため、各領域ごとに一定以上の実績を満たしたパートナーに各種バッジを付与しています。

※バッジの詳しい説明は前ページの「パートナーを探す」から確認してください。

[Planning Partner（プランニングパートナー）]

　LINE公式アカウントを中心軸とした広告商品、およびAPI関連サービスの企画・運用を支援するパートナーです。Planning Partnerは年に1度開催される、企画力を競うコンテスト「LINE Planning Contest」で選出されます。特に優秀なプランは「最優秀賞」「優秀賞」として表彰され、それぞれ「Diamond」「Gold」パートナーとして認定されます。

LINE広告／配信面

Q41 LINE広告の配信面を指定したい。

LINE広告にはたくさんの配信面がありますが、想定していない場所に出るのが不安です。広告配信時に配信面を指定することはできますか？

A 詳細に指定できませんが、自動で最適な場所に表示されます。

アルゴリズムをもとに配信面が最適化される

　LINE広告から配信される広告は、LINE内のトークリストやウォレットだけでなく、LINE NEWSやLINEマンガなど、各種ファミリーサービスにも配信されます。また、アドネットワークである「LINE広告ネットワーク」を通じて、提携する外部アプリへの広告配信も可能です。

　管理画面で配信設定を行うとき、**広告の表示先を詳細に指定することはできません**。ただし、広告グループの作成時に「オーディエンス」の項目で配信先を「LINE広告」「LINE広告ネットワーク」から選択できます。

　広告配信面は、膨大なデータに基づくアルゴリズムによって自動最適化されるので、**「自動配置」を選択したほうが配信効果が見込めます**。

［トークリスト］での表示例。最上部に表示される。

［ニュース］のトップページや記事一覧ページに表示される。

［ウォレット］のトップページに表示される。

期待できる効果

● 広告が最適な場所に表示され、配信効果が見込める
● 運用初心者でも配信先の設定に気を配る必要がない
● LINE以外のサービスやアプリにも広告を配信できる

ワンポイントアドバイス

配信面に応じてクリエイティブを作り分けよう

　LINE広告の配信面は、対応するクリエイティブのフォーマットとサイズがそれぞれ異なるので、事前に確認しましょう。

[配信面×フォーマット一覧]

フォーマット（サイズ）	静止画				動画		
	Card (1200×628)	Square (1080×1080)	Carousel (1080×1080)	Small Image	Card (16:9)	Square (1:1)	Vertical (9:16)
トークリスト	○	○	×	○	×	×	×
LINE NEWS	○	○	○	○	○	○	×
LINE VOOM	○	○	○	×	○	○	○
ウォレット	○	○	×	×	○	○	×
LINEマンガ	○	○	×	×	○	○	×
LINE BLOG	○	○	○	×	○	○	×
LINEポイントクラブ	○	○	×	×	○	○	×
LINEショッピング	○	○	×	×	○	○	×
LINEクーポン	○	×	×	×	○	×	×
LINEチラシ	○	○	×	×	○	○	×
LINEマイカード	○	×	×	×	○	×	×
LINE広告ネットワーク	○	○	×	○	○	○	○

活用ノウハウ

2

初回利用編

Q42 本店、支店のLINE公式アカウントをまとめて管理したい。

LINE公式アカウント／グループ

支店で独自に運用していたLINE公式アカウントで成果が出たので、その運用を全店共通で行うことになりました。担当者がいない店舗にもアカウントを用意して、まとめて管理したいです。

A 「グループ」を活用しましょう。

同一メッセージの配信が可能

　複数のLINE公式アカウントで同じメッセージを発信したい場合、「グループ」機能の活用が便利です。同じグループに登録されているアカウントに対して、共通のメッセージの配信、リッチメニューの設定などが可能です。

　アカウントごとに担当者がいなくても、グループ機能を使って運用をしていれば発信する情報を共通化できますし、ユーザーがどのアカウントを友だちに追加しても同様の体験ができるため、企業・店舗のブランディングにつながります。また、グループ機能を使う傍らで独自のメッセージ配信も継続できるので、**全店共通の情報と店舗独自の情報など、内容に応じて使い分けるのもよいでしょう。**

　グループで利用できる機能は基本的に単独のアカウントと同じですが、一部機能は利用できません。グループ自体の設定は、グループを管理できるユーザーの追加や削除、グループに登録するアカウントの追加や削除などがあります。なお、グループの設定や操作は、Web版管理画面でのみ可能です。

期待できる効果

- 個別のアカウントに担当者がいなくても、情報発信が可能
- メッセージやクーポンなどを全店舗共通で配信できる
- 店舗独自のメッセージ配信も継続できる

グループの作成方法

Web版管理画面で **1**［アカウント名］→ **2**［グループリスト］を順にクリック。続いて **3**［作成］をクリックすると、グループの作成画面が表示される。**4**［追加］から、管理者権限のあるアカウントをグループに追加したあと **5**［作成］をクリックすると、グループが作成される。［グループリスト］で操作するグループ名をクリックすると、LINE公式アカウントと同様にメッセージ配信などの機能を利用できる。

ワンポイントアドバイス

複数店舗を展開している場合は特に便利

　店舗展開している企業やブランドにとって、「グループ」は特に活用メリットが大きい機能です。例えば、企業やブランド全体に関わるキャンペーン情報などはグループ機能で共通配信し、各店舗が入っているビルやモールに関わるキャンペーン情報などは店舗のLINE公式アカウントのみで個別に配信すれば、提供する情報を出し分けることができ、ユーザーにとってより有益なアカウント運用ができます。

LINE公式アカウント／アカウントの種別、検索とおすすめに表示

Q 43 ECサイト利用者のみに友だち追加してほしい。

店舗とECサイトで販売する商品やその価格が違うため、ECサイト専用のLINE公式アカウントを開設しました。ECサイトの利用者だけ集客したいのですが、よい方法はありますか？

A 「検索とおすすめに表示」をオフにして、告知場所を限定しましょう。

あえて検索結果に表示されないように設定する

　ECサイトの利用者や会員専用のアカウントなど、限られた人に向けてLINE公式アカウントを運用したい場合、認証済アカウントの「検索とおすすめに表示」の設定をオフにするのが有効です。未認証アカウントは、基本的にはLINE上の検索結果に表示されないので同様の使い方ができますが、表示されることもあります。**意図しないユーザーの友だち追加を確実に防ぐなら、認証済アカウントを使用して、設定を変更しましょう。**

　クローズドなLINE公式アカウントでは、告知にも工夫が必要です。例えば、ECサイトの利用者の中でも購入者のみをターゲットにしたい場合は、購入完了ページや注文完了メールに、LINE公式アカウントの友だち追加用のQRコードを入れるとよいでしょう。他には、購入完了時に次回の買い物で利用できるクーポンをポップアップ表示すると、友だち追加につながります。商品の発送時に、チラシやカードを同封して告知するのも有効です。

[設定]→[アカウント設定]で[他の公式アカウントのプロフィールに表示]を[非表示]にする。

126

> 期待できる効果

- 告知を工夫すれば、限られた人にのみ友だち追加してもらえる
- 会員や利用者に向けたメッセージ配信に活用できる
- 友だちの数が限定されるので、細かい対応が可能

告知場所のアイデア

購入完了・配送連絡メール

購入完了時にポップアップ画面を表示

商品の発送時にチラシやカードを同封

アカウント運用上の注意点

SNSやホームページに友だち追加用のQRコードを掲示しない

あいさつメッセージでサイトの利用者限定であることを伝える

未認証アカウントは、検索結果に表示される場合がある

> 関連

Q.07 アカウント名の横についている「バッジ」は何？ ……… P.038
Q.11 友だち追加してくれたユーザーに、最初にお礼を伝えたい。 ……… P.046
Q.17 ユーザーにLINE公式アカウントを開設したことを知らせたい。 ……… P.062

Q44 リッチメニューを美しく仕上げたい。

LINE公式アカウント／リッチメニュー

リッチメニューから電話をかけられるようにしたいです。デフォルト画像には電話が含まれているものがないので、オリジナルの画像を作成したいのですが、よい作成方法はありますか？

A 「画像を作成」や「テンプレート」を活用しましょう。

オリジナル画像でリッチメニューを仕上げる

　リッチメニューはトーク画面の下部に大きく表示されるため、ユーザーがアクションするきっかけになります。来店やサイト利用を促すには、タップしたくなるような画像やテキストを用意して工夫しましょう。

　リッチメニューの背景にはオリジナルの画像を指定できますが、規定に合った画像でないと設定できません。そこで便利なのが、Web版管理画面で利用できる「画像を作成」です。**ボタンごとに背景色やテキストを設定したり、パソコンに保存された画像をアップロードしたりして、オリジナルのリッチメニューが作成可能**です。

　使い慣れた画像編集ソフトなどを使って作成したい場合には、Web版管理画面のデザインガイドからダウンロードできる「テンプレート」も便利です。画像がスマホでの実寸と同じサイズで表示されるので、テンプレートに合わせて画像を作成すると美しく仕上がります。

　なお、リッチメニューから電話をかけられるようにするには、アクションに「リンク」を選択し、「tel:電話番号」の形式で入力してください。

期待できる効果

- デフォルト画像にない要素をリッチメニューの背景画像に入れられる
- 自社のロゴなど、自前の画像を活用できる
- 作成する手間が少ないので、気軽にリッチメニューを更新できる

リッチメニューの背景画像の作成方法

Web版管理画面で［トークルーム管理］→［リッチメニュー］→［作成］を順にクリックして［表示設定］の各項目を入力しておく。続いて **1**［テンプレートを選択］で設定したいリッチメニューに合ったテンプレートを選択したあと **2**［画像を作成］をクリックすると、背景画像の作成画面が表示される。背景画像作成用のテンプレートは **3**［デザインガイド］→［テンプレートをダウンロード］を順にクリックするとダウンロードできる。

ワンポイントアドバイス

キャンペーンの告知などにも有効

リッチメニューは、トーク画面で最もユーザーの目に入りやすいため、ユーザーのアクションを促す以外の使い方もあります。例えば、キャンペーンが始まるまでの日数をカウントダウンする画像を毎日更新することで、認知拡大や期待感を生み出せます。

カウントダウン部分の数字を変え、毎日リッチメニューを更新する。

関連

Q.15　トーク画面内にWebサイトへの誘導ボタンを設置したい。　P.056

Q45 客足が落ちる曜日や時間帯の来客を増やしたい。

LINE公式アカウント／メッセージ配信、クーポン

土日や夕方はおかげさまで混み合うのですが、平日の午前中、雨の日などは、客足が落ちます。客足が少ない日や時間帯を狙って来客を伸ばす施策のアイデアはありますか？

A 特定の曜日や時間帯に使える「クーポン」を用意しましょう。

クーポンの設定条件とオペレーションが重要

　店舗では平日の午前中や雨の日など、どうしても客足が鈍る時間帯や天気があります。そのようなときにユーザーの来店を増やすには、特定の時間帯や天気の悪い日などに利用できるように条件を指定したクーポンを配信するのがオススメです。

　有効期間を1カ月などに限定して、前月の下旬、あるいは月始めに配布すると、ユーザーに「その時間帯に行ってみよう」と意識してもらえます。さらに、クーポンの使用可能回数を上限なしに設定すれば、「その時間帯に来店する」ことを習慣づけられるかもしれません。

　クーポンでは、その内容や利用期間などをユーザーに分かりやすく示しましょう。また、利用ガイドには「会計時にクーポンを提示してください」など使用方法を必ず入力してください。

　クーポンの運用は、提供側のオペレーション統一も重要です。利用可能な条件を周知して、クーポンの確認作業や利用処理にミスが起こらないよう、オペレーションを徹底しましょう。**店舗やサイトの運営に携わるスタッフの対応環境が整うことで、クーポンはその効果を発揮します。**

期待できる効果

- 午前中の来客が増え、ピーク時の混雑が緩和される
- 客足が落ちる雨の日の利用ユーザーが増える
- オフピーク時の来客が見込め、売上が平準化される

クーポン設定のポイント

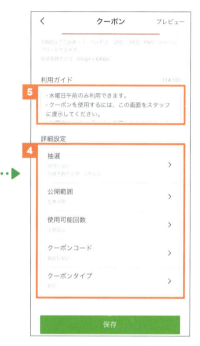

P.052を参考に、クーポンの作成画面を表示する。**1**［クーポン名］に利用できるタイミングを含めておくと分かりやすい。クーポンの内容と条件を簡単に記載した画像を作成し、**2**［写真］をタップしてアップロードする。

利用方法や **3**［有効期間］ **4**［詳細設定］で指定できない利用条件の詳細は、**5**［利用ガイド］に必ず記載する。

ワンポイントアドバイス

リッチメニューと組み合わせてクーポンの利用を促進

　「クーポン」をリッチメニューのボタンから自動で配布できるようにしましょう。まず、「応答メッセージ」で特定のテキストをキーワードにクーポンが自動返信されるように設定します。そして、「リッチメニュー」に、タップすると先ほどのキーワードが自動送信されるボタンを作成すると、クーポンを自動配布できます。

　クーポンをきっかけにサービスを利用してもらうことで、売上アップが見込めるでしょう。

Q 46 クーポンを他のSNSでもシェアしたい。

LINE公式アカウント／クーポン

LINE公式アカウントを始めたばかりで、友だちの数が他のSNSのフォロワーより少ないです。クーポンを友だち追加のきっかけにしたいのですが、SNSでシェアできますか？

A URLを使ってシェアできます。いろいろな場所で告知しましょう。

確度の高いユーザーにクーポンをシェア

LINE公式アカウントのクーポンは、URLを使って他のSNSなどでシェアできます。LINEを利用しているユーザーであれば、URLをタップするだけでクーポンを確認・表示可能です。

クーポン作成後には、シェア用のURLが表示されます。作成済みのクーポンのURLを後からコピーすることも可能です。

自社で活用している他のSNSやブログのフォロワーに対して、クーポン利用の機会を広げましょう。==来店やサービスの利用につながるだけでなく、LINE公式アカウントの友だち追加にも効果的です。==

シェアされたURLをタップすると、クーポンを表示できる。

期待できる効果

- ワンタップでクーポンを表示してもらえる
- クーポンの利用回数の増加が見込める
- クーポンの投稿で、**LINE公式アカウントの友だちを増やせる**

作成済みクーポンのシェア方法

[ホーム]→[クーポン]をタップして、クーポンの一覧を表示する。続いて[編集]をタップして、シェアしたいクーポンの **1**[選択]→**2**[シェア]をタップ。**3**[クーポンをシェア]の **4**[コピー]をタップすると、シェア用のURLをコピーできる。**5**[クーポンの効果を詳細に測定する]をタップすると、効果測定用にパラメーターを付与したURLを作成できる。

ワンポイントアドバイス

パラメーター付きURLで流入経路が分かる

パラメーターを付与したURLを、シェアする場所ごとに作成して指定すると、どのサイトやSNSから最もクーポンが表示されたかをQ.47の「分析」から確認できます。ただし、測定可能なのはクーポンの表示のみで、利用数ではないことに注意しましょう。

パラメーター付きURLを作成できる。

関連

Q.13　友だちにメッセージと一緒にクーポンを配布したい。　P.051
Q.47　効果が出やすいクーポンを配布したい。　P.134

Q47 LINE公式アカウント／クーポン
効果が出やすいクーポンを配布したい。

飲食店を経営していますが、少人数で来店するお客さまが多いです。クーポンを活用して、1組あたりの来店人数を増やすことはできますか？

A グループ向けクーポンを配信して、「分析」で効果を確認しましょう。

ニーズに合った効果の高いクーポンを配布する

　店舗型ビジネスの中でも、特に飲食店は、1組あたりの来店人数が多いほうが売上アップが見込めます。より多くの人数で来店してもらうには、5人未満の場合は5％オフクーポン、5人以上の場合は10％オフクーポンなど、グループを優遇するような割引設定でクーポンを作成し、ユーザーの来店を促しましょう。クーポンの利用ガイドに来店人数に応じた割引額を明示して、ユーザーに案内してください。

　その他、早期予約クーポンや記念日予約クーポン、貸切予約クーポンなど、店舗の運営方針やユーザーのニーズに合わせてクーポンを設定すると、クーポンの利用率や開封率が変わってきます。

　配布したクーポンの効果は、「分析」機能を使って確認しましょう。クーポンの内容と分析数値を照らし合わせて検証することで、ユーザーのニーズが分かり、クーポン作成の新たなアイデアが生まれやすくなります。

期待できる効果

- グループ向けクーポンで来店人数が増え、売上増加が見込める
- さまざまなクーポンをきっかけに、新規ユーザーが増える
- 「分析」機能を通じて、新しいクーポンのアイデアを考えられる

クーポンの配信結果の確認方法

1 [分析] → **2** [クーポン] を順にタップ。

効果を確認したい **3** [クーポン]をタップ。

クーポンの分析数値が表示された。

ワンポイントアドバイス

「抽選」の設定でクーポンに特別感を出す

クーポンの詳細設定には「抽選」の設定項目があります。全員にクーポンを配信するのではなく、取得者数を絞ることで特別感を付与することができ、利用数のアップが見込めます。当選確率は1〜99%の範囲内で設定できるほか、当選者の上限人数も設定できます。抽選の設定はデフォルトでは「使用しない」となっています。

[抽選] で設定できる。

関連

Q.13 友だちにメッセージと一緒にクーポンを配布したい。 **P.051**
Q.64 分析画面にはいろいろな数値があるが、何をどう見ればよい？ **P.170**

COLUMN

利用促進と感染対策を実現した小さな高速バス会社のLINE活用

LINEの法人向けサービスの活用方法や得られた成果をnoteで募集する企画「＃みんなのLINEビジネス」より、プロモーション部門で最優秀賞を受賞した、高松エクスプレス株式会社の事例を紹介します。

取り組みについて

ショップカードの特典に乗車割引クーポンを設定。高速バス乗車時に接触確認アプリ（COCOA）を提示したユーザーにポイントを付与しました。コロナ禍でも通院などで高速バスを利用せざるを得ない人に向けたサービスで、感染防止に配慮しつつ、追加コストをかけずに実現しました。

受賞者のコメント

このコロナ禍の中、固定費の支払いだけで厳しく、広報への支出ができない、新しい企画に予算を割けないと考えている事業者の方も多いのではないでしょうか。LINE公式アカウントを利用すると、ユーザーが多く圧倒的なリーチ力に加え低コストでの運用が可能です。定期的にメッセージを送信する宣伝ツールとして利用するだけではなく、自社のサービスや商品に組み込むことで顧客から積極的に利用してもらえるように工夫することが大切です。ぜひ、弊社の取り組みも参考にしていただければ幸いです。

矢野涼太氏
高松エクスプレス
株式会社
営業企画課・係長

矢野氏のnote記事はこちら！
https://note.com/footbus/n/n52e48724b464

活用ノウハウ③
リピート促進編

LINEの法人向けサービスを活用して、
ユーザーに自社のサービスをリピートしてもらうための
ノウハウを解説しています。

LINE公式アカウント／リッチビデオメッセージ

Q48 動画でサービスを紹介したい。動画は配信できる？

スポーツジムのインストラクターをしています。外出が難しい時期に、自宅でできるフィットネス動画をLINE公式アカウントで配信したいのですが、よい方法はありますか？

A 「リッチビデオメッセージ」で配信できます。

動画で見せたいコンテンツ全般に有効

「リッチビデオメッセージ」は、自動再生される動画を配信できる機能です。動きや変化、手順などを見せたい場合は静止画よりも適しています。また、**ユーザーがトーク画面をスクロールする中で自動再生される**ので、自然と目を引くほか、動画と一緒に送ったテキストも読んでもらえる可能性が高まります。

動画のサイズは、横長・正方形・縦長のどれでも設定可能です。縦型動画の場合は、トーク画面を専有して表示されるので、インパクトがあります。

さらに、アクションのボタンを表示するよう設定することも可能です。WebサイトやECサイトのURLを指定すれば、予約やお問い合わせ、購入、インストールなどのアクションにつなげられます。ただし、動画は長すぎると最後まで見られません。要点をコンパクトにまとめ、分かりやすく表現しましょう。

動画をメッセージ配信できる。

期待できる効果

- 自動で再生されるので、目に入りやすい
- テキストだけでは表現しにくい内容を分かりやすく説明できる
- アクションボタンから外部サイトに誘導できる

［リッチビデオメッセージの利用例］

- 「宅トレ」やエクササイズの解説
- 料理の作り方・レシピ
- 組み立て家具の作り方
- 製品デモ
- ヘアメイクの方法
- 施設案内

リッチビデオメッセージの作成方法

Web版管理画面で［ホーム］→［メッセージアイテム］→［リッチビデオメッセージ］→［作成］を順にクリック。続いて **1**［タイトル］を入力。**2**［ここをクリックして、動画をアップロードしてください。］をクリックして表示される画面から、配信したい動画をアップロードする。［アクションボタン］の **3**［表示する］をクリックすると、**4**［リンク先URL］と **5**［アクションボタンテキスト］を指定できる。作成が完了したら **6**［保存］をクリック。完成したリッチビデオメッセージは、メッセージの作成画面から配信設定ができる。

ワンポイントアドバイス

動画サイトと併用してファンを増やそう

　スマートフォンや４G回線が一定の普及を見せた今、ユーザーはますます動画コンテンツに親しんでいます。動画サイトに作った自社のチャンネルに動画をアップロードし、その短縮版をリッチビデオメッセージで配信した上で動画サイトに遷移させれば、チャンネル登録者数のアップも見込めます。

Q49

LINE公式アカウント／カードタイプメッセージ

複数の商品をまとめて、ユーザーの印象に残るように紹介したい。

 同じシリーズでカラーバリエーション違いの商品をまとめてユーザーに紹介したいと考えています。画像を単体で送るより、もっとインパクトのある方法はありますか？

A 「カードタイプメッセージ」を活用しましょう。

複数の画像を横にスライドして閲覧できる

　複数の画像を並べて表示し、横にスライドしながらユーザーに見てもらえるのが「カードタイプメッセージ」です。一度のメッセージで最大9枚までカードを配信できるので、カラーやサイズなどのバリエーションが異なる商品を訴求するときに有効です。

　カードタイプメッセージには4種類のテンプレートがあります。形式に合わせて画像やテキストを設定すれば、デザイン性に優れた視認性の高いメッセージを簡単に作成し、配信できます。

　また、配信するカードタイプメッセージには、アクションを設定することも可能です。**Webサイトや ECサイトのURLを指定すれば、予約や購入などのアクションにつなげられます**。最後に「もっと見る」カードを用意すると、商品詳細ページなどの外部URL、クーポン、ショップカードなどに誘導しやすいです。

「カードタイプメッセージ」は、1枚目と2枚目のカードのクリック率が高い。

期待できる効果

- 1つのメッセージでいろいろな商品を見せられる
- 商品の使い方やストーリーを順を追って紹介できる
- アクションで、紹介した商品の購入ページにそのまま誘導できる

[テンプレートとオススメの配信内容]

テンプレート	オススメの配信内容
プロダクト	商品、オススメのメニューの紹介、旅行先の提案など
ロケーション	不動産、支店の案内など
パーソン	ピックアップスタッフ、スタッフの紹介など
イメージ	ヘアスタイル、ネイルのイメージなど

カードタイプメッセージの作成方法

Web版管理画面で［ホーム］→［メッセージアイテム］→［カードタイプメッセージ］→［作成］を順にクリック。続いて **1**［タイトル］を入力し、**2**［カード設定］の［選択］をクリックしてテンプレートを選択すると、カードの内容の設定画面が表示される。使用しない項目があれば **3**［チェック］を外す。**4**［カードを追加］をクリックすると、一度に配信したい他のカードの設定ができる。作成が完了したら［保存］をクリック。完成したカードタイプメッセージは、メッセージの作成画面から配信設定ができる。

Q50 店舗のスタッフを紹介して、指名を増やしたい。

LINE公式アカウント／カードタイプメッセージ、プロフィール

スタッフによる接客に力を入れています。LINE公式アカウントでスタッフを紹介して指名につなげたり、店舗で話しかけてもらいやすくしたいのですが、よい方法はありますか？

A 「カードタイプメッセージ」の「パーソン」を活用しましょう。

人物紹介用のテンプレートとプロフィールを活用

　店舗でもECサイトでも、スタッフ紹介は重要なコンテンツです。**どのような人がどのような思いで働いているのかをユーザーに知ってもらうことで、親近感を持ってもらい、サービス利用を促せます。**

　Q.49（P.140）で解説した「カードタイプメッセージ」には、「パーソン」というテンプレートがあり、スタッフなど、人物を紹介するのにぴったりです。名前やプロフィール画像のほか、タグ設定や紹介文を登録できます。カードタイプメッセージのアクションに「予約する」ボタンを付ければ、タップするだけでその人を指名してサービス利用につなげられます。

　また、Q.10（P.044）で解説した「プロフィール」の「アイテムリスト」のプラグインで「パーソン」というタイプを追加する方法もあります。複数人の名前やプロフィール画像、タグ設定、紹介文の登録が可能です。

「カードタイプメッセージ」を使ってスタッフの情報をメッセージ配信する。

期待できる効果

- スタッフ紹介がきっかけで指名予約が入る
- スタッフの思いや目標を伝えることができる
- ユーザーから話しかけてもらえるきっかけになる

カードタイプメッセージの追加方法

P.141を参考に、Web版管理画面で［ホーム］→［メッセージアイテム］→［カードタイプメッセージ］→［作成］を順にクリック。［カード設定］をクリックすると表示される画面で **1**［パーソン］→ **2**［選択］を順にクリックしてカードの内容を入力する。

ワンポイントアドバイス

スタッフとユーザーを近づける新サービスに注目

2021年11月にローンチした「LINE STAFF START」では、店舗スタッフがユーザーと直接コミュニケーションを図れるさまざまな機能を提供しています。

活用ノウハウ 3 リピート促進編

LINE公式アカウント／メッセージ配信、LINEチャット

Q51 LINE公式アカウントを緊急連絡用に使うことはできる？

美容室を運営しています。営業時間の短縮やスタッフ都合による急なお休み、店舗の緊急工事など、お客さまに急ぎ連絡をするためにLINE公式アカウントを使いたいです。

A 「メッセージ配信」と「LINEチャット」で連絡しましょう。

ユーザーに説明して、利用用途を理解してもらう

　店舗を運営していると、臨時休業や営業時間の短縮などを行う場合があります。これまでは、入り口に張り紙をしたり、個別に電話連絡するなどしていた対応も、LINE公式アカウントを使うとより効率的に行えるようになります。

　LINE公式アカウントを「緊急連絡網」のように使う場合、ユーザーにしっかりとメッセージ配信を見てもらえるように、友だち追加後に通知をオフにしないようお願いする必要があります。その際、テキストだけでやりとりするのでなく、ユーザーに対してアカウントの運用方針や、今後お送りするメッセージの内容について店舗で直接説明するなどして、理解を得た上で友だち追加してもらいましょう。

　なお、**スタッフの急病などで予約の変更や延期をお願いする場合は、メッセージ配信に加えて、LINEチャットで個別に連絡できるとより親切です**。ただし、LINEチャットはユーザーから前もって話しかけてもらう必要があります（Q.25／P.088）。

期待できる効果

- 来店してもらう前に、臨時休業や時短営業の連絡ができる
- ユーザーの都合のよいタイミングで内容を確認してもらえる
- 電話での連絡回数を減らして、業務を効率化できる

緊急連絡時の運用方法

緊急時のメッセージは、1［すべての友だち］をタップして、メッセージを伝えたいユーザー全員に配信する。

すでに予約をしているユーザーに対しては、LINEチャットで個別に連絡する。LINEチャットでのやりとりをしたことがないユーザーには、電話やメールなど、別の方法で連絡する必要がある。

> **ワンポイントアドバイス**
>
> ### 緊急連絡用アカウントの方針変更について
>
> 「緊急連絡網」としてLINE公式アカウントを利用する場合、必要以上に広告的なメッセージを配信すると当初の目的から外れてしまいます。緊急の連絡以外のメッセージ配信が増える場合は、前もって店舗でお声がけするなどして、アカウントの運用方針の変更について理解を促しましょう。

活用ノウハウ 3 リピート促進編

LINE公式アカウント／リッチメニュー

Q 52 チラシの配布量を縮小しつつ、何らかの形で継続したい。

チラシの効果が薄れてきたので、縮小を検討しています。しかし、チラシがきっかけで来店される方も一定数いるので、何らかの形で継続したいです。

A チラシへの導線をLINE公式アカウントに作りましょう。

リッチメニューからチラシデータへアクセス

リッチメニューから最新のチラシをいつでも表示できる。

　小売店で利用される「チラシ」は、お得な情報が一覧になっている定番の集客施策の1つです。しかし、印刷や配布に一定のコストがかかるほか、対面での訴求が難しい場合はなかなかその効果を発揮できません。そこで、**チラシの画像データをWebで公開して、LINE公式アカウントから導線を作りましょう。**
　オススメの方法が、チラシの画像データのアップ先に誘導する、リッチメニューです。アップ先のURLを変更しなければ、チラシを都度最新のものに差し替えても、リッチメニューを更新する必要はありません。ユーザーはリッチメニューをタップするだけで、いつでも最新のチラシ情報をチェックできます。
　あわせて、チラシのチェック方法をメッセージ配信でお知らせすれば、多くの友だちにアクセスしてもらえます。

期待できる効果

- 最新のチラシをすばやくチェックしてもらえる
- チラシの制作や配布のコストがかからない
- リッチメニューを更新しなくても最新情報を提供できる

チラシを表示するリッチメニューの設定方法

Q.15やQ.44を参考に、チラシが表示できることが分かる画像を作成して **1** ［背景画像をアップロード］をタップ。画像が設定できたら［次へ］をタップ。

タイプで **2** ［リンク］を選択して **3** ［URLを入力］にチラシをアップロードしているWebサイトのURLを入力。更新したチラシを同じURLでアップロードすれば、リッチメニューを更新する必要はない。

ワンポイントアドバイス

「LINEチラシ」でユーザーの買い物をもっと便利に

LINEでは、自社の商品を特売情報などを掲載する「LINEチラシ」というサービスを提供しています。登録店舗数ごとにかかる基本料金と、ユーザーの月間閲覧数をもとに決まる掲載料金（従量料金制）を支払えば、商圏にいるユーザーにLINE上でチラシ情報を届けることができます。

チラシ情報は、チラシメディア面とLINEウォレット面に表示される。

関連

Q.15　トーク画面内にWebサイトへの誘導ボタンを作りたい。　　P.056
Q.44　リッチメニューを美しく仕上げたい。　　P.128

Q53 リピーター作りを効果的に行う方法を知りたい。

LINE公式アカウント／ショップカード

再来店や購入促進のために、店舗で紙のスタンプカードを用意していますが、紛失してしまう人や忘れてしまう人がいます。紙のスタンプカードに代わるよい方法はありますか？

A 「ショップカード」を設定しましょう。

ユーザー・店舗双方にとって管理の手間がかからない

店舗では、紙のスタンプカードを使って、ポイントがたまると割引などの特典を用意する取り組みがよく行われます。LINE公式アカウントの「ショップカード」は、これをLINE上で提供できる機能です。

LINEからアクセスできるショップカードは**忘れたり紛失したりする心配はなく、ユーザーの財布の中に紙のカードがたまってしまうといった不便も感じさせません**。そのため、リピーター育成はもちろん、来店前のユーザーにショップカードを取得してもらえば、新規顧客の獲得にも効果を発揮するでしょう。

「ショップカード」を配布できる。

ショップカードのデザインやポイント数、有効期限、特典などは自由に設定できます。QRコードを読み取ってもらうだけでポイントを付与できるので、店舗側もユーザー側も簡単に利用できるのも大きなメリットです。ユーザーごとに付与したポイント履歴を確認できる分析機能もあるので、ぜひリピーター作りに活用してください。

期待できる効果

- LINE上で管理できるので、手軽に使ってもらえる
- QRコードで簡単にポイントを付与できるので、店舗側も便利
- どのくらいポイントカードが利用されたか履歴を確認できる

ショップカードの操作方法

[ホーム]→[ショップカード]を順にタップ。続いて[ショップカードを作成]をタップすると、[ショップカード設定]が表示される。**1**[デザイン]や**2**[ゴールまでのポイント数]、**3**[ゴール特典]などの設定が可能。作成が完了したら[保存してカードを公開]をタップすると、ショップカードが公開される。

ショップカードの作成が完了した後、[ホーム]→[ショップカード]を順にタップすると表示される画面から[ポイント付与]ができる。**4**[スマートフォンにQRコードを表示]をタップすると、ユーザーが読み取ることでポイントが付与されるQRコードや、オンラインでポイントを付与できるURLの作成が可能。**5**[ポイント付与履歴]も確認できる。

ワンポイントアドバイス

「ゲーム性」を持たせたショップカード活用

ポイント数を多め（上限は50ポイント）に設定した上で、5ポイントごとなど、獲得したポイントに応じてもらえる景品を段階的に設定しましょう。ゲーム感覚でポイントをためてもらうことで、ユーザーのサービス利用意欲をアップし、リピーター化を促せます。

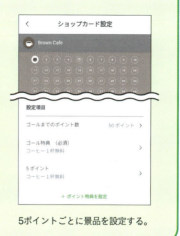

5ポイントごとに景品を設定する。

LINEミニアプリ／会員証・予約

Q 54 リピート強化にさらに有効なサービスを知りたい。

店舗でリピートをさらに強化していく方針になりました。リピーターを増やすために、ショップカード以外に便利な機能や役立つサービスなどがあれば教えてください。

A 「会員証・予約」機能を持つLINEミニアプリを使いましょう。

リピートビジネスに強い会員証と予約機能

　LINEミニアプリの「会員証」は、LINE上でデジタル会員証を表示することができます。QRコードを読み取り、数タップで会員証を提示することができるので、ユーザーに別途アプリをダウンロードしてもらう必要はありません。

　また「予約」は、美容サロンや飲食店などの予約が簡単に行えます。ライトユーザーの獲得はもちろん、その後のリピートへのつなげやすさなどもメリットです。

　さらに、LINEミニアプリの利用時に自社のLINE公式アカウントをスムーズに友だち追加する仕組みを整えれば、**LINEミニアプリの利用とともに友だち数のアップが見込めます**。その後、LINE公式アカウントを友だち追加したユーザーにクーポンやキャンペーン情報を配信すると、中長期にわたる関係を築くことも可能です。

　他のLINEミニアプリと同様に、個別開発もしくは開発パートナーがパッケージ販売するLINEミニアプリを導入する、2通りの導入方法があります。代表的なパッケージを次ページで紹介します。

期待できる効果

- 専用アプリなしで、デジタル会員証を利用してもらえる
- 会員証があることで、リピーター化を促しやすい
- 手軽に予約できるのでユーザーの定着が見込める

SalonAnswer（サロンアンサー）
（提供企業：エクシードシステム株式会社）

美容室専用のクラウドPOSサービスとそのLINEミニアプリです。予約管理、顧客管理、売上管理、各種分析機能などが、iPad1台で利用できます。

▷ パッケージの詳細
https://line-marketplace.com/jp/mini-app/salonanswer

［パッケージの特徴］

- **POSから自動でメッセージ配信**

ユーザーのLINEに表示された「デジタル会員証」を読み込み、POS上の顧客情報と紐付ければ、メッセージやクーポン、電子レシートを配信できます。

- **予約機能も提供**

LINEミニアプリ上で、希望の日時を選択すると簡単にサロンを予約することができます。リマインドのメッセージも配信でき、マイページから予約の変更やキャンセルも可能です。

ワンポイントアドバイス

サービスメッセージでユーザーにアプローチ

Q.37（P.115）のワンポイントアドバイスで紹介した、ユーザーに無料でメッセージを配信できるLINEミニアプリ専用のLINE公式アカウント「サービスメッセージ」では、利用シーンごとにメッセージのテンプレートが用意されています。美容室であれば来店予約のリマインド、飲食店であれば入店の順番が近づいてきたときのお知らせなどを、コストをかけずにメッセージ配信することが可能です。

「サービスメッセージ」のLINE公式アカウント。

活用ノウハウ 3 リピート促進編

Q 55 LINE公式アカウント／LINEチャット

ユーザーの情報を管理して、スタッフ間で共有したい。

LINEチャットでたくさんのユーザーからチャットが送られてきます。さらに適切な対応ができるように、ユーザーの情報を従業員で共有して管理したいです。

A チャットの「タグ」や「ノート」を活用して、共有しましょう。

ユーザープロフィールに情報を追加できる

　LINEチャットでは、「タグ」や「ノート」を使うと、やりとりした情報を管理しやすくなります。タグを使うと、タグが付けられたユーザーを一覧からまとめて確認したり、タグ付けしたユーザーを対象にメッセージを配信したりできます。担当者名や初来店年月、性別など、タグは自由に作成可能です。1人のユーザーに対して最大10個のタグを付けられます。

　タグの管理と同時に、ユーザーとのチャットで得られた情報の記録や、他のスタッフへの共有事項などは、LINEチャットの「ノート」を使うと便利です。テキストで情報を残しておくことで、別のスタッフがやりとりを引き継いでも、適切な対応ができます。

　また、LINEチャットでやりとりしているユーザーの表示名は変更可能です。デフォルトの表示名は友だち追加時にユーザーが設定しているものと同じになるので、ニックネームになっているケースも多々あります。実際にやりとりする中で相手が誰なのか分からず困る場合は、事前にチャットでユーザーの氏名を確認して変更するとよいでしょう。なお、管理画面で追加した情報や表示名などは、やりとりしているユーザーには表示されません。

　LINEチャットは、One to Oneコミュニケーションができる機能です。**ユーザー一人ひとりの情報を踏まえた上で対応できれば、ユーザー満足度のより高い体験を提供でき、企業・店舗とのつながりが強化されます。**

期待できる効果

- 相手の情報ややりとりの経緯を踏まえて返信できる
- チャットの対応を、別の担当者に引き継ぐのが簡単
- 表示名を本名に変更することで、チャット相手が明確になる

タグの作成方法

［チャット］→［設定］アイコン→［タグ］を順にタップ。**1**［+］をタップしてタグの名前を入力して［保存］をタップすると、タグが追加される。**2** タグの名前をタップすると、そのタグを付けたユーザーの一覧を表示可能。

ユーザー表示名の設定方法

［チャット］でユーザーをタップして選択。続いて **1** ユーザー名をタップすると、プロフィールが表示される。**2** 鉛筆のアイコンをタップするとユーザーの表示名を変更可能。**3**［タグ］から、タグの付与と削除ができる。**4**［ノート］には、テキスト形式で情報を記録できる。

Q56 LINE公式アカウント／メッセージ配信
ユーザーの属性や行動に合わせてメッセージを送り分けたい。

一斉配信だけでなく、ユーザーごとにメッセージを出し分けたいです。ユーザーの性別、年齢別に区切って配信したり、メッセージの開封状況などをもとに配信したりできますか？

A 「属性」や「オーディエンス」に基づく配信が可能です。

「オーディエンス」は細かい絞り込みができる

　友だちの数が増えてきたら、ターゲットを絞ってメッセージ配信することで、開封率やクリック率のアップが見込めます。絞り込み方法には、「属性」（友だち期間、性別、年齢、OS、エリア）があります。属性を絞ると配信対象となるユーザー数は減りますが、よりターゲットに響くメッセージの作成が可能です。

　さらに細かくターゲットを絞りたい場合は、「オーディエンス」の設定が便利です。オーディエンスには、配信したメッセージに含まれるリンクをクリックしたユーザー、メッセージを開封したユーザー、特定の経路で友だち追加したユーザーなどを指定できます。設定方法はQ.57（P.156）を確認してください。

　ただし、属性はLINE公式アカウントのターゲットリーチ[※]が100人以上でないと利用できません。友だち数が増えてから使いましょう。なお、ターゲットの絞り込みに使われる属性はLINEが独自に推測した"みなしデータ"（※P.223参照）で、ユーザーの登録情報をそのまま利用するものではありません。

　これらの機能を活用すれば、**ユーザーのニーズにより近いメッセージ配信を行うことができ、企業・店舗との距離を近づけることができるでしょう。**

※性別や年齢、地域で絞り込んだターゲティングメッセージの配信先となる友だちの母数です。LINEおよびその他のLINEサービスの利用頻度が高く、属性の高精度な推定が可能な友だちが含まれます。

期待できる効果

- ユーザーのニーズによりフィットした情報を配信できる
- 全店舗共通のアカウントで、地域を絞った配信が可能
- 開封率が高まり、メッセージ通数を節約できる

属性の設定方法

Q.12（P.049）を参考に［メッセージ設定］画面で［属性で絞り込み］→［フィルター設定］を順にタップ。続いて［属性］の中から絞り込みたい項目（ここでは **1**［性別］）をタップすると、詳細の設定画面が表示される。**2**［男性］か **3**［女性］をタップして選択すると、性別の属性が設定できる。

ワンポイントアドバイス

セグメントの設定をもっと自由にするには

「属性」や「オーディエンス」の他にも、例えば「今月、誕生日を迎える方にのみクーポンを配信したい」「特定の商品をある期間内に購入した方にのみに動画を配信したい」など、より細かく絞り込んでメッセージを配信したい場合は、Messaging APIを使った開発や、外部のパートナーが提供する拡張ツールの導入を検討しましょう。

関連
Q.57　自分の担当するユーザーにだけメッセージを配信したい。 …… P.156

Q 57 LINE公式アカウント／メッセージ配信

自分の担当するユーザーにだけ
メッセージを配信したい。

予約や施術後のサポートを、LINEチャットで行っています。休暇のお知らせや限定の情報などを、自分が担当しているお客さまに向けてメッセージ配信したいのですが、方法はありますか？

A タグ付けしたユーザーを「オーディエンス」に設定しましょう。

担当制のビジネスに有効な配信方法

　美容室、整体などのサービス業では、スタッフが担当するユーザーが固定されている場合が多くあります。通常のLINE公式アカウントのメッセージ配信は、友だち全員に同じ内容のメッセージが配信されますが、LINEチャットの「タグ」（Q.55／P.152）を活用することで、担当ユーザーにだけメッセージを配信することが可能です。この機能を使えば、自分の休暇期間をお知らせしたり、特別なキャンペーン情報などを提供したりすることができます。

　具体的には、**「オーディエンス」の設定で、チャットでタグ付けしたユーザーを抽出する「チャットタグオーディエンス」を使います**。ユーザーとのLINEチャットを担当者別にタグ付けして管理している場合は、そのままオーディエンスに設定するだけで簡単に利用できます。担当制の店舗ビジネスだけでなく、オンライン英会話などユーザーに担当スタッフがつくオンラインサービスなどでも有効です。

期待できる効果

- 担当ユーザーにだけ、休暇や時短のお知らせが一括で配信可能
- こまめな情報発信で、担当スタッフをより身近に感じてもらえる
- 限定情報や特別なクーポンの配信にも使える

オーディエンスの作成方法

Web版管理画面で［ホーム］→［データ管理］→［オーディエンス］→［作成］を順にクリック。［オーディエンスタイプ］で **1**［チャットタグオーディエンス］を選択して、ユーザーに設定しているタグを指定する。他に設定可能なオーディエンスタイプの詳細は **2**［オーディエンスタイプについて］から確認できる。

ワンポイントアドバイス

チャットタグを効率よく管理するには

　LINEチャットのタグを後から整理すると工数がかかるので、あらかじめ規則的なタグ名を考えておきましょう。

- 担当ユーザーにメッセージ配信を行いたいとき
  →○○（スタッフ名）_△△様（ユーザーの名前）
- 入会月別にメッセージ配信を行いたいとき
  →○月（入会月）_△△様（ユーザーの名前）
- （デリバリーなど）居住地別にメッセージ配信を行いたいとき
  →○○市（居住地）_△△様（ユーザーの名前）

LINE公式アカウント／メッセージ配信

Q 58 友だちが増えて、アップグレードしたいが予算がない。

LINE公式アカウントの友だちが増えてきました。無料で配信できるメッセージの上限にすぐ達してしまいます。プランを変更したいのですが、上長に「予算がない」と言われました。

A 計画立てた配信と、その成果を示して予算を獲得しましょう。

配信数を節約しつつ、予算獲得のために動く

　LINE公式アカウントには無料で利用できる「フリープラン」がありますが、送信できるメッセージは月に1,000通までです。単純計算で、友だち数が250人を超えると、週2回以上のペースでの発信はできません。**フリープランで運用する場合は、配信内容とタイミングの計画を立てるのが大切**です。

　メッセージの配信時には、配信通数の上限を決められます。月の途中で友だちの数が増えても、上限値を決めておくと計画どおりに配信できます。また、LINEチャットでタグ付けしているユーザーだけを対象に配信することも可能です。

　メッセージは1通で3吹き出しまで送れるので、画像やクーポンを混ぜると、文字ばかりのメッセージより読まれやすくなります。

　こうした工夫に加え、運用者として成果を示し、企業・店舗内での予算獲得も目指してみてください。例えばクーポンの配布後、クーポン利用者数はLINE公式アカウントからの集客数、クーポン利用者数の合計売上金額はLINE公式アカウントによる売上として成果を示せれば、予算獲得につなげやすくなります。

期待できる効果

- 配信数の上限を設定すれば、無料のメッセージの範囲内に収まる
- LINE公式アカウントに興味があるユーザーに絞って配信できる
- 予算が獲得できれば、繁忙期に集中して配信数を増やせる

配信数の制限方法

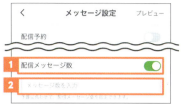

Q.12（P.049）を参考に、[メッセージ設定] を表示しておく。**1**[配信メッセージ数] をオンにすると **2**[メッセージ数を入力] に配信数の上限を入力できる。

タグ付けしたユーザーへの配信方法

Q.57（P.156）を参考にチャットタグオーディエンスを作成しておく。続いてWeb版管理画面で[ホーム]→[メッセージ配信]→[メッセージを作成]→**1**[絞り込み]を順にクリック。**1**をクリックすると、配信するオーディエンスの選択画面が表示されるので、配信したいものの[含める]→[追加]を順にクリック。**2**[オーディエンス]に配信先に含めるチャットタグオーディエンスが表示される。

> **ワンポイントアドバイス**
>
> ### メルマガの費用対効果と比べる
>
> 　LINE公式アカウントの運用で、その配信効果がよく比較されるのが「メルマガ」です。メルマガは多くの企業・店舗で実施されている販促手法の1つですが、メールアドレスを持っていない年代のユーザーも多く、効果が出にくい場合があります。リーチ数や開封率の面でメルマガと比較すれば、LINE公式アカウントの予算獲得につなげやすいでしょう。

LINE広告／オーディエンス配信

Q 59 既存ユーザーにアプローチして、サービスを利用してほしい。

ECサイトを運営しています。利用ユーザーの中にはLINE公式アカウントの友だちでない人もいます。その人たちに広告でオススメ商品の情報を届けたいのですが、よい方法はありますか？

A 「オーディエンス配信」を利用しましょう。

ターゲットを指定して広告を配信できる

　ネット広告では、自社サイトへの訪問歴があるユーザーに広告を表示させる「リターゲティング」という配信手法があります。LINE広告では「オーディエンス配信」によりリターゲティングをすることができます。さまざまな「オーディエンス」（広告の配信対象）を設定することで、**過去のサイト訪問者やサービスの利用ユーザーを対象に、広告を配信できます**。例えば、他社製品と比較・検討するために購入を見送っていたユーザーにオーディエンス配信でアプローチすれば、通常の配信よりも高い広告効果が見込めます。

[オーディエンスの種類（一部抜粋）]

種類	内容
ウェブトラフィックオーディエンス	サイト訪問ユーザーのオーディエンスを、LINE Tagのトラッキング情報をもとに作成。サイト内購入などのイベントに基づいたオーディエンスの作成も可能
モバイルアプリオーディエンス	アプリを開いた人やアプリ内で購入をした人などのオーディエンスを、アプリ内で発生したイベントに基づいて作成
電話番号アップロード	保有している電話番号を用いて作成
メールアドレスアップロード	保有しているメールアドレスを用いて作成

[オーディエンス配信の仕組み]

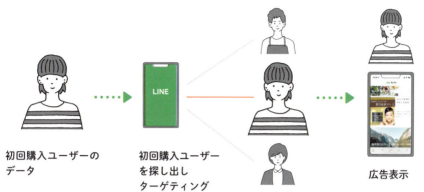

期待できる効果

- すでに接点のあるユーザーに広告を配信できる
- 保有している顧客データからターゲットを指定可能
- 幅広いターゲティングで配信するよりも興味を持ってもらいやすい

オーディエンス配信の設定方法

広告アカウントを表示しておく。1→2[オーディエンス]を順にクリック。

[オーディエンス一覧]が表示された。3[オーディエンス作成]をクリックして、作成したいオーディエンスを選択すると、作成画面が表示される。

LINE広告／オーディエンス配信

Q.60 既存ユーザーに似たターゲット層に広告を配信したい。

リピーターが増える一方で、新規ユーザーの集客がうまくいきません。既存ユーザーに似たユーザーに広告を配信できれば効果がありそうですが、そのようなことはできますか？

A 「類似配信」を活用しましょう。

オーディエンスを類似拡大して、広告を配信

　LINE広告には「類似配信」という配信手法があります。すでに自社の商品やサービスを利用しているユーザーや、LINE公式アカウントを友だち追加しているユーザーをソースオーディエンス（広告の配信対象の元データ）にして、それに類似するユーザーに広告を配信できる機能です。

　Q.59（P.160）で作成したオーディエンスに含まれるユーザーから、性別や年齢、興味・関心などが類似したユーザーをLINE内で探し出し、広告を配信します。そのため、ソースオーディエンスの数と質によって広告効果が変わる可能性があります。例えばECサイトなら、**利用頻度や購入金額の高い優良顧客のデータだけを抽出してソースオーディエンスを作成すると高い効果が見込めます**。ただし、ソースオーディエンスの数は500以上を目安としてある程度担保されていることが必要です。

　また、オーディエンスサイズを％で指定することもできます。サイズが大きいほど似ているユーザーが含まれる割合は低くなりますが、より多くの人を対象に配信可能です。サイズを自動設定すると、LINEの配信アルゴリズムにのっとり、最適なオーディエンスサイズになるように調整した上で、広告が配信されます。

期待できる効果

- 既存ユーザーのデータを使って、新規ユーザーを集客できる
- 興味を持ってくれそうなユーザーを探し出して配信できる

[類似配信の仕組み]

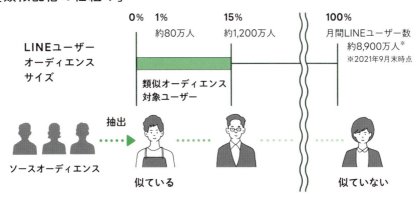

類似オーディエンスの作成方法

Q.59（P.160）を参考に、類似オーディエンスのもとになるオーディエンスを作成しておく。続いて **1**［オーディエンス作成］→ **2**［類似オーディエンス］を順にクリック。

3［オーディエンスソースを選択してください］をクリックして、作成済みのオーディエンスを選択。続いて **4**［オーディエンスサイズ］を選択して **5**［保存］をクリックすると、類似オーディエンスを作成できる。

Q61 LINE公式アカウント／ステップ配信
商品に興味関心を持ってもらうためのメッセージを自動で送りたい。

友だち追加から一定期間経過したユーザーに情報を発信したいのですが、タイミングをつかめません。事前に内容を指定してメッセージを自動配信できますか？

A 「ステップ配信」を設定しましょう。

友だち追加後の経過日数や追加経路などを指定できる

　メールを使ったマーケティングでは、ユーザー登録や購入から一定期間が経過するとメッセージを配信する「ステップメール」がよく実施されています。LINE公式アカウントにも、これに類似する「ステップ配信」という機能があり、**商品やサービスに対するユーザーの興味関心を高めるのに有効**です。

　ステップ配信は、ユーザーがLINE公式アカウントを友だち追加した日を起点に、経過した日数や友だち追加経路、属性などを条件に対象を指定してメッセージを自動配信できます。配信内容を細かく分けたい場合は、条件を分岐させて、それぞれの配信内容を設定します。

　例えば、「2022年1月1日」以降に「友だち追加広告経由」で友だち追加したユーザーのうち、友だち追加をしてから「10日」が経過した「女性」のユーザーにはクーポンを配信するといった設定ができます。友だち追加時に、あらかじめ「10日後に特典クーポンを進呈」などとアナウンスしておけば、ユーザーの期待感を上げられるでしょう。

期待できる効果
- 友だち追加後の期間に応じてメッセージを出し分けられる
- ステップ配信は事前に設定するため、メッセージを出し忘れない
- 限定クーポンの配信を予告すれば、ブロック防止が見込める

ステップ配信の設定方法

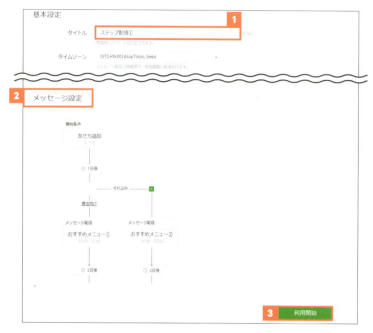

Web版管理画面で［ホーム］→［ステップ配信］→［作成］を順にクリック。続いて［基本設定］で **1**［タイトル］を入力。期間と配信の上限数の設定もできる。**2**［メッセージ設定］で、友だち追加後の日数と配信するメッセージをチャート形式で設定する。友だち追加の経路や、属性による分岐の指定もできる。設定が完了したら **3**［利用開始］をクリック。条件に合ったユーザーに自動でメッセージが配信される。

> **ワンポイントアドバイス**
>
> ### ステップ配信でユーザーをナーチャリングする
>
> 「ナーチャリング」は、「顧客を育成する」という意味を持ちます。新規ユーザーに対しては商品やサービスの購入・利用意向を徐々に高め、既存ユーザーに対しては再購入・再利用などリピーター化を促します。
> ステップ配信は、ナーチャリングに適した機能です。クーポンの他にも、サービスに関する情報が記載された資料やWebページのURLなどを配信することで、ユーザーに自社の商品やサービスの理解をより深めてもらえます。

Q 62
LINE公式アカウント／リサーチ

友だち追加してくれた ユーザーとの関係を深めたい。

友だちの数が増えてきましたが、一方通行のメッセージ配信にならないようにしたいです。ユーザーが考えていることを把握して、関係を深められるような機能はありますか？

A 「リサーチ」を作成して 回答してもらいましょう。

まずは気軽に参加できる2択の問題から始めよう

「リサーチ」（Q.24／P.084）は、LINE上で簡単なアンケートができる機能です。自社の商品・サービスの満足度や意見を調査することにも使えますが、まずは気軽に参加できる投票のような形で使うのがオススメです。投票であれば、ユーザーは深く考えたり、時間をとられたりせずに参加できるからです。

例えば飲食店であれば、来月のランチメニューやデザートの内容を投票で決める、店舗に飾る写真を投票で決めるなど、アイデア次第で楽しい企画ができます。**簡単に参加できる方法で、ユーザーにお店作りやメニュー作りに参加してもらうことで、より企業・店舗を身近に感じてもらうことができます。**

簡単なアンケートを配信できる。

リサーチはスムーズな調査が行えるように機能設計されているので、新しく始めたサービスの利用意向、体験してみた感想など、さまざまな調査目的でも活用できます。単一選択だけでなく、複数選択、自由記入なども設計可能です。ユーザーの属性も設定できるので、どのようなユーザーが自社のLINE公式アカウントを友だち追加してくれているのかといった傾向をつかむこともできます。リサーチに回答したユーザー限定でクーポンを配信できる仕組みもあるので、活用すると回答モチベーションがアップするでしょう。

期待できる効果

- ユーザーの好みや傾向を把握できる
- 投票形式だとユーザーの声を手軽に集められる
- 投票で決まったメニュー目当ての来店が期待できる

リサーチの質問の設定方法

Web版管理画面でQ.24（P.084）を参考にリサーチの基本設定などを入力して［次へ］をクリックすると、**1**［質問設定］と**2**［自由形式］の設定画面が表示される。［質問設定］ではユーザー属性などの質問が作成できる。［自由形式］の［選択］をクリックして質問の回答形式を選択すると、質問の内容の作成画面が表示される。各項目の入力が完了したら**3**［保存］をクリックすると、設定が完了する。

Q 63 LINE公式アカウントの発信が飽きられていないか不安になる。

LINE公式アカウント／リサーチ

ユーザーに楽しんでもらえるようなメッセージを届けたいと思い、日々、運用しています。開封率もまずまずなのですが、ユーザーの満足度が分からず、運用方針について悩んでいます。

A 「アカウント満足度調査」を使って評価してもらいましょう。

「NPS」を使ったユーザー調査ができる

「アカウント満足度調査」は、LINE公式アカウントに対する友だちの満足度を調査できる機能です。質問項目は「このアカウントを友人や同僚に勧める可能性はありますか」のみで、0〜10の段階で評価してもらいます。

ネットプロモータースコア（NPS）は、顧客のロイヤルティーを測る指標です。高い満足度である9、10をつけたユーザーを「推奨者」、7、8を「中立者」、0〜6を「批判者」と分類し、次ページの図のような計算式でスコアを測定します。多くの場合、スコアはマイナスになりますが、プラスになるほどロイヤリティが高いことを示します。**うまく運用できているLINE公式アカウントであれば、親しみや好感が高まることで、他の人への推奨意向が高く評価される**と考えられます。調査は半年に1回などのペースで継続的に行い、満足度の変化を評価しましょう。

満足度調査は、リサーチ機能（Q.62／P.166）の1つとして提供されています。認証済アカウントまたはプレミアムアカウントの場合は、アカウントへの要望を、自由回答でヒアリングするフォームが追加されます。なお、満足度調査は無償で配信可能です。

期待できる効果

- 質問内容がシンプルなので、多くの回答が集まる
- 評価が見えるので、今後のLINE公式アカウントの運用に役立つ
- ユーザーからの回答が、運用モチベーションにつながる

[NPSの計算式]

アカウント満足度調査の配信方法

Web版管理画面で［ホーム］→［リサーチ］→［アカウント満足度調査］を順にクリック。続いて［ご利用の前に］に記載された内容を確認して［上記の内容に同意する］→［アカウント満足度調査を利用する］を順にクリックすると、アカウント満足度調査の作成画面が表示される。**1**［アカウント満足度調査を実施する］をクリック。

［メッセージ配信］画面に切り替わった。**2**［配信先］の設定や、**3**［配信日時］の設定が可能。完了したら**4**［配信］をクリックすると、設定した時刻にアカウント満足度調査がメッセージとして配信される。

Q64 LINE公式アカウント／分析

分析画面にはいろいろな数値があるが、何をどう見ればよい？

分析画面では、さまざまな数値やグラフなどを見られますが、この数値が何を意味しているのか、どのように振り返ればいいのか分かりません。

A まずは分析画面の項目について理解しましょう。

「やりっぱなし」にしないために、分析を活用しよう

　デジタルツールを使う上で陥りがちなのが、運用を「やりっぱなし」にしてしまい改善ポイントが見えてこない状態です。こうなると、中長期でユーザーとの関係を強化できるLINE公式アカウントの良さを生かせないので、「分析」機能を活用しましょう。

　分析機能では、LINE公式アカウントを友だち追加してくれたユーザーの数やその属性、タイプ別のメッセージ配信数やその開封率、クーポンの開封者数や利用者数など、次のページの表の項目についてまとめて確認することができます。

　さらに、これらの分析データはCSVデータでダウンロードできるので、レポートの作成にも便利です。**1カ月に1回など、あらかじめ分析作業のタイミングを決めて、運用を振り返りましょう。**

期待できる効果

- 数値やグラフが集約されているので、効率よく振り返りができる
- アカウントの運用を見直す手段になる
- 分析データをダウンロードできるのでレポート作成時に便利

[分析機能で確認できる項目と内容]

項目	内容
友だち	友だちの追加数、属性情報、友だち追加経路、友だち追加広告の詳細など
プロフィール	表示回数や表示したユーザー数など
メッセージ通数	メッセージタイプ別の配信数など
メッセージ配信	開封、クリックユーザー数など
ステップ配信	メッセージ配信数、ステップ開始ユーザー数、ステップ完了ユーザー数など
チャット（手動応答＆自動応答）	手動で回答したメッセージ、応答メッセージで返信した配信数など
クーポン	開封者数や利用者数など
ショップカード	カードの発行数やポイント別の使用ユーザー数など

分析機能の確認方法

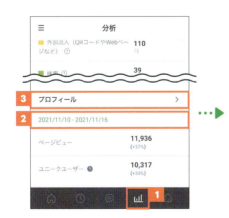 

1 [分析] をタップすると、期間内のさまざまな数値の変化を一覧で確認できる。2 日付をタップすると、期間の変更が可能。続いて、詳細を確認したい項目（ここでは 3 [プロフィール]）をタップ。

[プロフィール] が表示された。4 期間をタップして確認したい期間を入力し、[保存] をタップすると、その期間の数値が確認できる。グラフが表示される項目もある。

Q 65 ブロックをなくすにはどうしたらよい？

LINE公式アカウント／分析

分析機能を見ていると、友だちが少しずつ増える一方で、ブロックも発生しています。ブロックされないためには、どうしたらよいでしょうか？

A ブロックは一定数発生するものと考えましょう。

ブロックが急増した場合は配信内容を見直す

　分析機能の「友だち」では、友だちの数やターゲットリーチ（※P.154参照）に加え、ブロック数を確認できます。ブロックは友だち追加状態のままで、メッセージの送受信ができなくなる状態です。友だちの数が多くてもブロック数が多ければ、その分メッセージを配信できていないことになります。

　LINE公式アカウントでは、一定数のブロックが発生します。特に、クーポンやスタンプを配布して友だちを集めると、特典を受け取ったあとにブロックするユーザーもいます。完全にブロックをなくすのは難しいと考えてください。

ブロックしたユーザーのLINEチャットは［Unknown］と表示される。

　ただし、急激にブロック数が増えた場合は、前後のメッセージの配信内容や頻度をチェックしてください。内容がユーザーのニーズに合っていなかったり、配信頻度が高すぎるとブロックされる可能性があります。**キャンペーン中などでどうしても配信頻度が高くなるときは、性別、年齢、エリアなどで対象を絞って配信するなど、工夫してみましょう。**

　また、定期的なクーポン配信など、アカウントの友だちでいるメリットが感じられるようなメッセージ配信を心がけてください。

> 期待できる効果

- 多少ブロックされても気にしすぎる必要はない
- 配信内容や頻度を見直すきっかけになる
- ユーザーメリットをより考えたメッセージ配信ができる

ブロックの確認方法

1 ［分析］をタップすると、2 ［ブロック］から友だちのブロック数を確認できる。

> ワンポイントアドバイス

ユーザーのブロックを肯定的に捉える

　LINE公式アカウントを運用していてブロック数が増えてくると、やはり不安な気持ちになります。しかし、残っている友だちは、企業・店舗の商品やサービスに興味関心を持ち、「今後も情報を受け取りたい」と考えているユーザーなので、ブロックを必要以上に恐れずにメッセージ配信を続けてください。「興味関心のないユーザーが、向こうからNGを示してくれた」とブロックを肯定的に捉え、今いる友だちとの関係性強化を目指しましょう。

Q66 LINE公式アカウント／A/Bテスト

より効果的なメッセージ表現を検証する方法を知りたい。

LINEを使ってどのようなメッセージや画像がユーザーにより響くのか検証したいのですが、配信効果の確認やテストに便利な機能はありますか？

A 「A/Bテスト」を活用しましょう。

複数のバリエーションを作成して反応の違いを検証する

　ターゲットリーチ（※P.154参照）が5,000人以上になると、「A/Bテスト」を実施して、メッセージの反応を比較することができます。A/Bテストとは、メッセージのバリエーションを作成して、特定の割合のユーザーに配信し、配信効果を検証することです。

　A/Bテストは、Web版管理画面の［メッセージを作成］から作成できます。テストでは友だち全員に配信する必要はなく、テストから3日以内に残りの友だちに反応がよかったほうのメッセージを配信することもできます。バリエーションは最大で4パターンを設定可能です。結果は［分析］の［メッセージ配信］で確認できます。

　A/Bテストでは、比較可能な要素を含めて配信することで初めて、どちらの効果がよいか検証できます。まったく異なる内容や、ほぼ同じ内容では検証になりません。次ページで示すように、**比較ポイントを定めた上で、配信してください**。

　配信数が少なすぎたり、パターンを分割しすぎたりすると、正しく評価できない場合があります。また、配信結果にわずかな差しかない場合は、統計的に有意な差ではない場合もあるので、注意しましょう。

期待できる効果

- より効果的なメッセージ表現を検証できる
- A/Bテストが配信されていないユーザーにも同じ内容を送信できる
- A/Bテストを繰り返すと、メッセージ配信の勝ちパターンが見える

A/Bテストでクーポンを配信する例

［A］ ［B：テキストを変更］ ［C：画像を変更］

AとB、AとCで比較して配信する。

A/Bテストの配信方法

Web版管理画面で［ホーム］→［メッセージを作成］→［A/Bテストを作成］を順にクリック。続いて **1**［テスト対象］にA/Bテストを配信する友だちの割合を入力。**2** で配信対象者数を確認できる。

配信するメッセージの内容は **3** タブで切り替えてそれぞれ入力する。**4**［バリエーションを追加］をクリックすると、バリエーションが追加される。

Q 67 LINE公式アカウント／トラッキング

LINEを経由したWebサイトの訪問者数を計測したい。

WebサイトやECサイトに誘導するようなメッセージをLINE公式アカウントで配信しています。どのくらいのユーザーがLINE経由で訪問しているのかを計測し、効果を調べたいです。

A Webサイトに「LINE Tag」を設置しましょう。

目的に応じてタグを設定しよう

　LINE公式アカウントのメッセージ配信が、Web上での成果（コンバージョン）にどれだけつながったかを計測するには、Webサイトに指定の「LINE Tag」を設置する必要があります。**LINE Tagを設置することで、友だちがとった行動（購入、会員登録など）が計測できる**ようになります。

　計測の結果は、管理画面の「分析」から確認可能です。どのメッセージ配信がユーザーの行動につながったか、定期的に振り返るようにしましょう。

　なお、LINE広告を利用している場合は、同じLINE公式アカウントを紐付けたすべての広告アカウントと、LINE Tagで得られた情報を共有することができます（Q.68／P.178）。次ページの3つのタグを、Webサイトの適切な場所に設置しましょう。

　タグの設置は、Webサイトのソースコード内に次ページで表示したコードをコピー＆ペーストして行います。サイト構築やコーディングに関する知識がなく、自分でタグを設置する方法が分からない場合は、サイト制作を依頼したパートナーに相談してください。

期待できる効果

- LINE経由のコンバージョン計測で、注力すべき施策が分かる
- コンバージョンにつながらないメッセージの改善をすぐに行える
- メッセージのクリックデータを、LINE広告のターゲティングに活用できる

[LINE Tagの種類]

LINE Tag	設置方法
ベースコード	計測を行いたいWebサイトのヘッダー内に設置するか、Googleタグマネージャーで設定
コンバージョンコード（イベントコード）	コンバージョンを計測する場合に、コンバージョン完了ページ（購入完了、会員登録完了ページなど）に設置。ベースコードとセットで設置する必要がある
カスタムイベントコード（イベントコード）	コンバージョン以外の行動を計測する場合に、該当ページに設置。ベースコードとセットで設置する必要がある

LINE Tagの設定方法

Web版管理画面で［ホーム］→［データ管理］→［トラッキング］→［LINE Tagの利用を開始する］を順にクリックすると、Webサイトに設置するタグ（コード）が表示される。 **1** ［コピー］をクリックしてWebサイトにタグを設置すると、**2** ［ステータス］が［利用可能］になる。

例えば、メッセージ経由のコンバージョンを計測する場合は、［分析］→［メッセージ配信］→［詳細］を表示すれば、**3** ［コンバージョン］部分に分析内容が表示される。

Q 68 LINE広告／LINE Tag
LINE広告経由のアクセスやコンバージョンを計測したい。

どれくらいのユーザーが、LINE広告経由で自社のWebサイトやECサイトを訪問しているのか、また、商品購入につながっているのかを計測したいです。

A 「LINE Tag」で広告効果を計測できます。

LINE公式アカウントのLINE Tagと共有可能

　広告の効果計測には「タグ」が必要です。LINE広告では、Webサイト上にLINE Tagを設置すると、広告経由のアクセスやコンバージョンなどを計測できます。どの広告経由でWebサイトへのアクセス数が増えたか、商品購入や会員登録などがあったかが分かると、**数値に基づいた運用改善ができるようになります**。

　また、リターゲティング広告では、過去にWebサイトを訪問したことがあるユーザーに対して広告を配信します。その際に使用するオーディエンスデータの作成にも、タグが欠かせません。LINE広告の場合、LINE TagをWebサイトに設置してオーディエンスデータを作成すれば、すでに自社の商品・サービスに興味・関心のある人をLINE内から探し出して広告を配信する「オーディエンス配信」（Q.59／P.160）が実施可能です。

　LINE Tagは、LINE広告の管理画面から取得できるほか、LINE公式アカウントのWeb版管理画面で取得したものとの共有が可能です。設置するコードの詳細は、Q.67（P.176）を参照してください。

期待できる効果
- 広告の配信効果が分かると、運用の改善点が見えてくる
- オーディエンスデータの作成で、広告の配信手法が広がる

コードの設置例

①ベースコード

　ベースコードを設置すれば、クリックからコンバージョン発生までの有効期間や、流入元URL別など特定の条件下での「カスタムコンバージョン」を計測できます。なお、オーディエンス配信を実施するには、ベースコードを設置してオーディエンスデータを作成します。

②ベースコード＋コンバージョンコード

　購入完了、会員登録完了のページにコンバージョンコードを設定しておき、そのページを訪れた人の数からコンバージョンを計測します。広告単位でコンバージョン率を比較することで効果の高い広告を発見できます。

③ベースコード＋カスタムイベントコード

　商品のランディングページ、申し込みフォーム、購入完了ページにそれぞれカスタムイベントコードを設置し、どこで離脱が発生するかを検証します。

LINE Tagの設定方法

P.161を参考に、共有ライブラリメニュー内の［トラッキング（LINE Tag）］をクリックすると、**1** 3つのコードがコピー＆ペーストできるようになっている。タグの設置後、使用しているタグの **2** ［ステータス］も確認できる。

Q69 LINE広告／ターゲット

LINE広告を配信しているが、リーチが伸びない。

LINE広告を配信してしばらく経ちますが、リーチやインプレッションが伸びません。何か原因はありますか？ 設定のどこを見直せばよいのでしょうか。

A 複数の理由が考えられます。順番に確認してみましょう。

配信ステータスやボリューム、予算を見直す

　LINE広告にはキャンペーン、広告グループ、広告に配信ステータスがあり、いずれかが「停止中」になっていると配信されません。特に、**リーチやインプレッション数（広告がユーザーに100%表示された回数）が0になっている場合は注意**してください。審査（Q.20／P.069）で否認となった場合は、内容を修正して再申請してください。審査が通過している場合は、配信スケジュールや配信設定がオンになっているか確認しましょう。

　配信設定に問題がない場合は、ターゲットを見直しましょう。LINE広告では配信ターゲティングを細かく設定できますが、その分配信対象となるユーザーが少なくなってしまいます。広告グループの**「推定オーディエンス」が「狭い」に大きく傾いている場合は、ターゲット設定の見直しを行い配信対象を増やしましょう**[※]。

　もう1つ確認したいのは、入札価格や1日の予算です。自動入札の場合、最適な入札価格が上限CPA（顧客獲得単価）、CPC（クリック単価）の範囲内で適用されます。**入札価格や予算が低すぎると配信されない場合がある**ので、設定内容を見直して、予算の引き上げを検討してください。

※リターゲティング配信では配信対象者が狭くなるケースが多いため、その限りではありません。

期待できる効果

- 審査否認が少ない広告運用ができるようになる
- ターゲティングや入札の内容を確認する習慣がつく

リーチが伸びない場合の改善アクション

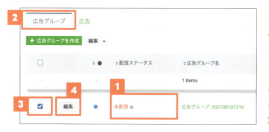

キャンペーンと［広告グループ］、［広告］それぞれの 1 ［配信ステータス］を確認。［利用可能］と表示されている場合は広告を配信できる状態になっている。2 ［広告グループ］タブでオーディエンスと予算を編集したい広告グループの 3 ［オン］→ 4 ［編集］を順にクリック。

推定オーディエンスが「狭い」に大きく傾かないよう［ターゲット設定］を調整。

画面をスクロールして 5 ［最適化と入札］と 6 ［予算設定］を確認。

ワンポイントアドバイス

改善アクションが見つかる「LINE広告サポート」

「LINE広告サポート」のLINE公式アカウントは、リーチやインプレッションだけでなく、配信設定や審査などのお困りごとをbotでサポートしています。ぜひ以下のQRコードを読み取って友だち追加してください。

Q 70

LINE公式アカウント／LINEログイン

自社で保有する顧客データと照合して、メッセージを配信したい。

自社のアプリの利用状況などに合わせて、ユーザーそれぞれによりフィットしたメッセージを出し分けたいです。何かよい方法はありませんか？

A 「LINEログイン」でID連携を促しましょう。

ID連携でOne to Oneコミュニケーションを実現

　LINEログインは、Webアプリやネイティブアプリ（iOS、Android）などに、LINEアカウントを利用してログインできる「ソーシャルログイン」を導入する機能です。**ユーザーは、各種サービスを利用するときにLINEのIDでログインできるようになるので、個人情報やメールアドレスなどを入力する手間を減らせます。**

　企業・店舗は、ログイン時にLINE公式アカウントの友だち追加を促すことも可能です。さらに、LINEのIDと自社の顧客データを連携（ID連携）させることで、サービスの利用状況に合わせたメッセージ配信が、Messaging APIを活用してできるようになります。例えば、ECサイトで商品を購入したユーザーにメッセージを送信して購入後のフォローをしたり、ユーザーが購入した商品に類似した商品を後日、メッセージでリコメンドしたりできます。

　LINEログインを用いたID連携や、Messaging APIの活用は、ユーザー一人ひとりにフィットしたメッセージ配信を行う上で重要です。自社またはLINEの開発パートナーによる開発を経て、One to Oneコミュニケーションを目指してください。

期待できる効果

- LINEでログインできるので自社サービスの利用を促せる
- LINEのIDと自社の顧客データを連携して、今後の施策に生かせる
- アプリなどの利用状況に合わせたメッセージを配信できる

LINEログインの仕組み

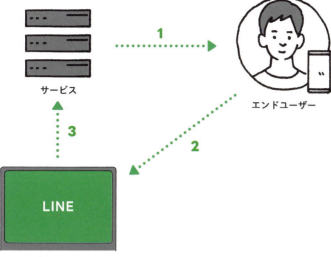

1 サービスからエンドユーザーに、LINEログイン用のページを送信。2 エンドユーザーが、LINEを利用して認証と認可。この工程が終わると、サービスは、ユーザーを識別するためのアクセストークンをLINEプラットフォームから取得できるようになる。3 LINEプラットフォームからアクセストークンを取得。

> **ワンポイントアドバイス**
>
> **ID連携で実現する高度なメッセージ配信**
>
> 　企業・店舗の顧客データと友だちのLINEのIDを連携させると、ユーザー一人ひとりに合ったメッセージ配信（セグメント配信）ができます。
> 　例えば、ECサイトで前日に商品をカゴに入れたまま、購入手続きが済んでいないユーザーにメッセージを配信する「カゴ落ち」を防ぐセグメント配信が可能です。購入忘れがないか確認することで、コンバージョンを促すことができます。
> 　他には、高ロイヤリティユーザーへのセグメント配信の例もあります。招待制の限定イベントを実施する際などに、年間支払い額上位10%のユーザーにのみメッセージを配信することで、特別感を演出できます。

LINE公式アカウント、LINEミニアプリ／LIFF、ID連携

Q 71 自社のサービスや顧客システムとLINEを連携して使いたい。

自社のサービスを、LINE上で使用してもらいたいです。すでに保有している自社の顧客データと連携した活用も検討しています。何かよい方法はありますか？

A 「LINEミニアプリ」の個別開発などで対応できます。

ID連携とLINEミニアプリで可能性が広がる

　LIFF（LINE Front-end Framework）およびLINEミニアプリは、LINEが提供するWebアプリケーションのプラットフォームです。**WebアプリケーションにLINEが提供するLIFF SDK（ソフトウェア開発キット）を組み込むと、LINE上でそれらのサービスを呼び出せる**ので、ユーザーに手軽に利用してもらうことができます。ただし、LIFFやLINEミニアプリを既存のシステムやツールと連携する場合には、自社またはLINEの開発パートナーによる開発が必要となるので、注意してください。

　LIFFとLINEミニアプリは、ユーザーの許可を得てLINEユーザーのプロフィール情報を取得したり、ID連携したりすることができます。これにより、以下のようなより高度なLINE活用が実現します。

- 店舗のPOSレジと連携し、ポイントの獲得履歴をLINE上で確認できる
- 自社の予約システムと連携し、LINE上で予約やそのキャンセルができる
- LINE上で支払いや領収書の受け取りを行うことができる

期待できる効果

- サービス提供にあたり、別途アプリのダウンロードは不要
- **LINE**ですべて完結するので、ユーザーの利便性が高い
- 連携した情報を活用して、よりユーザーに合った情報発信が可能

ユーザー認証やLIFFの仕組み

ユーザー認証

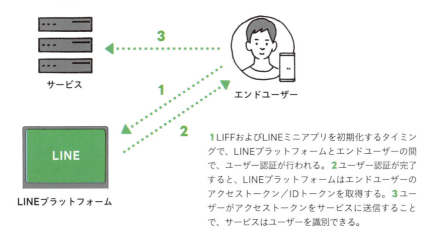

1 LIFFおよびLINEミニアプリを初期化するタイミングで、LINEプラットフォームとエンドユーザーの間で、ユーザー認証が行われる。2 ユーザー認証が完了すると、LINEプラットフォームはエンドユーザーのアクセストークン／IDトークンを取得する。3 ユーザーがアクセストークンをサービスに送信することで、サービスはユーザーを識別できる。

ウェブアプリとして動作

1 LIFFの初期化およびユーザー認証終了後は、ウェブアプリとして動作する。サービスはエンドユーザーに直接UIを表示し、エンドユーザーからのリクエストを処理する。

サービスメッセージ送信

1 サービスメッセージ（Q.54／P.151）を送信するAPIを利用して、LINEミニアプリでサービスメッセージを送信。2 APIが成功すると、LINEプラットフォームから、エンドユーザーにメッセージが送信される。

COLUMN

LINEでのデータ活用を一歩先へ！
新サービス「ビジネスマネージャー」

LINE公式アカウントとLINE広告など、複数のサービスを活用する際に、それらのデータを広告主単位で統合して管理できるサービス「ビジネスマネージャー」を紹介します。

複数のLINE公式アカウントと
LINE広告の広告アカウントのデータを統合管理

　これまで、ブランドごとにLINE公式アカウントやLINE広告の広告アカウントなどを持っている場合、それぞれのデータを連携させることが難しいという課題がありました。ビジネスマネージャーを使うと、複数のLINE公式アカウントやLINE広告の広告アカウントなどを接続して一括管理できます。それぞれのオーディエンスやLINE Tagで取得したデータを共有できるので、LINEのデータ活用を一歩先に進めることが可能です。

　これにより、プロダクトやサービス、店舗ごとに複数のLINE公式アカウントを持っている企業でも、それらを横断した、効率的なデータ活用を実現できます。複数のLINE公式アカウントがない場合でも、LINE公式アカウントとLINE広告の広告アカウントなど、LINEの法人向けサービスを複数利用しているのであれば、1つの管理画面でオーディエンス、LINE Tagを統合管理できるので便利です。ビジネスマネージャーには、LINEビジネスIDでログインします。

　なお、ビジネスマネージャーではLINE公式アカウント、LINE広告の配信管理などを行うことはできません。現状では、オーディエンスやLINE Tagなどのデータを横断して管理することが可能です。

※「ビジネスマネージャー」は、LINEの法人向けサービスを通じてLINE社がユーザーの許諾を得て取得したデータと、広告主が持つ自社データを統合して管理できるサービスです。ビジネスマネージャーで連携できるデータは、すべて企業が個別にユーザー許諾取得済みの情報となります。

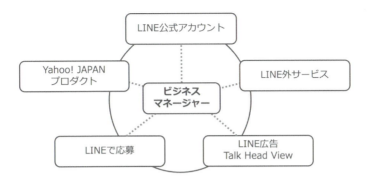

ビジネスマネージャーで実現するデータの横断的活用のイメージ。

横断したデータ活用を実現

　ビジネスマネージャーに、LINE公式アカウント、LINE広告、Talk Head View（トークリスト最上部の動画広告）、LINE NEWS TOP AD（LINE NEWSに表示される動画広告）を接続すると、オーディエンスやLINE Tagを相互に共有できるようになります。また、共通のオーディエンス、LINE Tagを作成することも可能です。作成されたオーディエンスやLINE Tagは任意のアカウントに共有して利用できます。

　従来は、1つのLINE公式アカウントから、LINE広告やTalk Head Viewでデータを連携することしかできませんでしたが、ビジネスマネージャーにより、LINE公式アカウントに依存せずに、すべてのユーザー接点を横断してオーディエンス配信ができます。また、共通のLINE Tagを設置して、オーディエンスを拡大することもできます。

　今後、オンラインとオフラインをまたいだ顧客接点でのデータ分析、レポーティング、広告配信も可能になる予定です。さらに、将来的にはYahoo! JAPAN内のプロダクトとのオーディエンス相互活用を目指しています。

▷ ビジネスマネージャー：**LINE DATA SOLUTION**
https://data.linebiz.com/solutions/business-manager

COLUMN

［旧機能「クロスターゲティング」との比較］

クロスターゲティング	ビジネスマネージャー
LINE公式アカウントでつながるプロダクトしかクロスターゲティングできない	複数のLINE公式アカウントを横断してオーディエンスを共有できる
データ活用の共通基盤がなく、横断的な分析や配信が難しい	すべての顧客接点での横断分析、レポート、配信ができる

活用例①LINE公式アカウントの友だちに別のLINE公式アカウントの友だち追加広告を配信

　同メーカーのブランドAのLINE公式アカウントとブランドBのLINE公式アカウントを例に説明します。LINE公式アカウントAの友だちをオーディエンスとして作成し、ビジネスマネージャーで共有します。ブランドBのLINE公式アカウントの友だち追加広告を、このオーディエンス、あるいは拡張オーディエンスを対象に配信すれば、ブランドBに関心を持つ人が多いと考えられる、同メーカーのブランドAをすでに友だちに追加しているユーザー、または類似したユーザーに広告を配信可能です。新ブランドの認知獲得などを効率的に行えます。

活用例②ブランド横断キャンペーンのオーディエンスを他のLINE公式アカウントで利用

　メーカー名のLINE公式アカウントA、同メーカーのブランドB、ブランドCのLINE公式アカウントを例に説明します。LINE公式アカウントAでメッセージを配信すると、メーカーに関心のあるユーザーが接触します。このオーディエンスデータをビジネスマネージャーで共有すれば、ブランドB、ブランドCのLINE公式アカウントの友だちのうち、その広告に接触した人に絞ってメーカー全体に関する内容のメッセージ配信をしたり、別のLINE広告の配信で利用したりできます。これにより、ブランドのLINE公式アカウントだけを友だち追加している、メーカー自体に関心があるユーザーを狙った効率的な配信も今後の機能拡充で可能になります。

高度な活用・DX事例

LINEのビジネス活用事例について、
LINEの認定講師「LINE Frontliner」4名と、
企業2社にお話を伺いました。

LINE Frontliner | 野田大介

CASE 01 友だち1,000人を突破するまでに必要な対策と、効果的なメッセージ配信

LINE公式アカウントを開設してすぐ設定すべきことや、効率的な友だちの集め方、成果を出すためのメッセージ配信について、マーケティング支援を行う株式会社ファナティックの代表でLINE Frontlinerの野田大介氏に伺いました。

LINE公式アカウントの開設後、やっておきたい3つの設定

—— **LINE公式アカウントの開設後、最初にやるべきことを教えてください。**

野田 初期設定をきちんと行いましょう。初期設定ができていないLINE公式アカウントは意外に多くありますが、LINE公式アカウントの概要が分からないとユーザーは友だち追加をためらってしまいます。初期設定は「自己紹介」と捉えてください。

まずは「プロフィール」(Q.10／P.044) の設定です。飲食店なら、住所、営業時間、テイクアウトの有無などの基本情報は必ず入力してください。またプロフィール画像と、その下に表示される「ステータスメッセージ」も重要です。店舗であればここに地域名や業種名を入れておくと、LINE内での検索対象となります。

プロフィールの「ボタン」は、問い合わせフォーム、電話、メールなど、LINE公式アカウントが連絡を取りやすい方法に表示変更できます。プラグインを追加すれば、メニュー画像やショップカードなど、業種に合わせたコンテンツの表示も可能です。

「あいさつメッセージ」(Q.11／P.046) もデフォルトのまま使っているLINE公式アカウントが多いですが、クーポンを付ける、カードタイプメッセージでメニューを紹介する、今後配信するメッセージの内容をお知らせするなど工夫してください。

「リッチメニュー」(Q.15／P.056) も最初に設定しましょう。飲食店なら新メニューを伝えるなど、業種に応じて設定してください。反対に、リッチメニューで他のSNSに意図なくリンクさせるのはオススメしません。URLを指定するとブラウザーが開いてアプリに誘導されるため、ユーザーが離脱する原因になるからです。

LINEは他のSNSと比べても、ユーザーの来店や購入といった目に見える反応が出やすい傾向があります。ただし、初期設定をおろそかにしたままで、メッセージ配信の頻度も少ないと、なかなか成果が出ないので注意が必要です。

［初期設定と友だち追加ボタンの設置場所］

プロフィールの「ボタン」はカスタマイズできる。

業種に合わせて「リッチメニュー」を設定する。

ECサイトのさまざまな場所に「友だち追加ボタン」を設置する。

友だちの集め方と、集める友だち数の目安

―― 友だちを集めるにはどのような施策が有効でしょうか？

野田 まずは既存ユーザーの目に触れるあらゆるところで、友だち追加の案内（Q.16／P.059）をしてください。店舗であれば、POPやカードの利用、声がけをするだけで、友だちは一定数集まります。

　ECサイトには、友だち追加のボタン（Q.17／P.062）を設置しましょう。フッターに入れるケースが多いと思いますが、ヘッダーやモバイルサイトのハンバーガーメニュー（「三」マーク）にも設置するのがオススメです。他にも、会員登録完了ページや購入完了ページや、メルマガのヘッダー・フッターにも入れられます。予算があれば、「友だち追加広告」（Q.18／P.064）の利用も検討してください。

―― 企業の規模や業種によって、友だちの数の目安があれば教えてください。

野田 小さな店舗なら100〜1,000人未満の規模がほとんどです。前述したような施策をすべて行っても、広告なしで友だち数を増やし続けるのは難しいでしょう。

　小規模のブランドであれば1,000〜1万人、業界では知名度のあるブランドなら1万〜10万人が自然に増やせる友だち数の目安です。ナショナルブランドであれば、そ

れほど知名度がなくても広告やツールの活用で10万人を超えることも可能です。

　しかし、友だちの数は実はそれほど大事ではありません。関係性の薄いユーザーを増やすよりも、自社の商品やサービスに関心の高いユーザーとつながるほうが重要です。特に、LINE公式アカウントは従量課金制のため、友だちが増えるとメッセージの配信料が上がり、負担になるケースもあります。LINEプロモーションスタンプを活用する際は、ECサイトの会員情報とのID連携やアンケート回答など、後々活用できる情報を得られるメニューのほうが、関係性の深い友だちを獲得できます。

ブロックを恐れない、攻めのメッセージ配信

―― ブロックが怖くてメッセージを配信できないという声もあります。

野田　少し厳しい言い方ですが、ブロックを恐れてメッセージを配信しないのは本末転倒です。配信後にブロックされるなら、むしろそのユーザーに感謝すべきです。なぜなら、関係性の深い・浅いに関係なく、メッセージを配信するのにかかるコストは同じだからです。どうせメッセージを配信するなら、自社の商品やサービスに関心の高い友だちだけを集めたほうが、配信効果は高くなります。

　LINE公式アカウントのスタンダードプランなら、月に4万5,000通まで無料メッセージが送れます（Q.05／P.034）。セール開催や新商品発売などが控えているとき、友だちが1万人未満なら制限は気にせず全配信してもいいでしょう。他には、カードタイプメッセージで新商品を案内するだけでも効果があります。一方、配信頻度が

［LINE公式アカウントの運用で重視するポイント］

高く、無料通数を超えそうな場合は、セールの告知は優先度高、新商品の情報は優先度中というように優先度をつけて、月ごとに配信計画を立ててください。

　友だちが1万人を超えたら、セグメント配信するのも効果的です。ただし、手動で管理する場合はメッセージを出し分けすぎると逆に工数がかかるので、「利用店舗別」「ブランド別」くらいの粒度でセグメントしたほうがよいでしょう。

—— オススメの配信時間はありますか？

野田　お昼の12時ちょうどに配信するLINE公式アカウントが多いので、数分ずらして配信するのはよくあるテクニックです。いろいろ試したところ、テレビCMのタイミングを狙うとメッセージの開封率が高くなることが分かりました。特に番組の合間のCMが長くなる時間帯はスマートフォンを手に取る人が多く、開封されやすいです。

LINEの特性を生かした配信をしよう

—— 店舗型のビジネスで、LINEと共存させるべきアナログ施策はありますか？

野田　店舗では意図しない商品との出会いがあり、それも楽しみの1つです。来店時のワクワク感をLINE上で提供できるように、あえて情報を出しすぎないようにしたり、店舗だけの限定品をお知らせしたりする配信も効果的でしょう。

—— 他のSNSにはないLINEのメリットと、今後の可能性について教えてください。

野田　他のSNSは、アルゴリズムによる調整で宣伝投稿が表示されにくい場合があります。しかし、LINEは友だち全員にメッセージを配信でき、これは圧倒的なメリットです。

　LINEは今後、コミュニケーションインフラとしてさらに進化するでしょう。そのとき、LINE公式アカウントを開設していないのは大きな機会損失です。まずは基本的な運用をしっかり整えて、ユーザーに自社のLINE公式アカウントを見つけてもらいましょう。

野田大介 氏
LINE Frontliner ／株式会社ファナティック 代表取締役

ファッション誌の編集、スニーカーブランドの生産管理、アパレルブランドでの通販責任者を経て、2016年に株式会社ファナティック設立。大手アパレル通販のリニューアル支援や売上改善の傍ら、2017年にLINE公式アカウントのセグメント配信ツール「ワズアップ！」を開発。「安価でサイト側の改修も必要なく、運用の手間もなし」というツールの特徴を生かして、圧倒的効果を誇るLINEのセグメント配信を中小規模の事業者にも提供中。

PROFILE

高度な活用・DX事例

LINE Frontliner | 中根志功

CASE 02 顧客理解とユーザーコミュニケーションをもとに効果を高める、LINEのサービス活用術

LINE公式アカウントやLINEミニアプリを中心とする、ユーザーのニーズや心理にフィットした最適なコミュニケーション設計について、株式会社originalsの代表でLINE Frontlinerの中根志功氏に伺いました。

顧客理解を重視してコミュニケーションを考える

—— 中根さんの経歴やお仕事についてご紹介ください。

中根 前職で2021年9月まで花王に在籍しており、カネボウ化粧品のブランドでLINEミニアプリを活用した取り組みをしていました。2018年に創業した株式会社originalsで、商品やサービスを"定番"として使い続けてもらうために、顧客理解を重視したデジタル化の支援をしています。

—— 中根さんが顧客理解を重視している理由は何でしょうか？

中根 お客さまによって商品を購入する理由がそれぞれ異なるからです。同じブランドの化粧品を購入するお客さまでも、販売店で特定の店員から買いたい人（プロセス重視）、普段使いするため買い忘れがないようにしたい人（プロダクト重視）など、ニーズはさまざまです。オンラインコミュニケーションもユーザー一人ひとりに合わせた文脈でのアプローチが必要で、そのためには顧客理解が何より重要となります。

6つのポイントで顧客理解を実践

—— 顧客理解のためのチェックシートを作成いただきました。

中根 ❶は、2020年以降に、対象者とインタビュアーが1対1で行う「デプスインタビュー」を新規顧客に実施したかどうかです。コロナ禍でお客さまの行動が大きく変わり、実施すべき集客・販促施策も変化しています。顧客理解に関心がある企業は、ユーザーが商品やサービスをどうやって知り、購入に至ったのかなどを理解するために、こうした調査を実施してほしいと思います。

［顧客理解のためのチェックシート］

- ☐ **❶** 2020年のコロナ禍以降、新規顧客へのデプスインタビューを行った。
- ☐ **❷** 販売金額や販売数量だけでなく、年間購入者数や月間サービス利用者数を計測できている。
- ☐ **❸** ユーザーが能動的に情報を受け取ってくれるタイミングや時期を理解している。
- ☐ **❹** 顧客と以下の手段で対話ができている（インプットに対してアウトプットもできているか）。
  - ① 問い合わせ（電話） ② チャット ③ アンケート
  - ④ LINEのメッセージやメールの開封、クリック
- ☐ **❺** 顧客がどのような＃ユーザータグを使って情報発信しているかを把握している。
- ☐ **❻** LINE公式アカウントから、＃ユーザータグや口コミを提供できている。

❷は、自社の商品やサービスをどれくらいの人が購入、利用しているのかをさまざまな指標で把握することで、施策を実行する際の予測や判断がしやすくなります。仮に今売上が減っていても、利用者が増えていれば、売上を回復させることができます。

❸は、企業・店舗が発信した情報を、ユーザーが進んで受け取ってくれるかどうかに直結します。ライフスタイルが多様化する現在、ユーザーに情報を確実に届けるには、受け手のタイミングが重要です。このタイミングを事前に確認して一人ひとりに都合のよい時間にメッセージ配信できると、おのずと開封率は高くなります。

❹は、ユーザーと対話ができているかを段階別に示しています。メーカーであれば、電話での問い合わせ対応を行うコールセンターに加え、チャット対応をしているか、LINEのアンケートでユーザーの声を聞いているか、複数のタッチポイントでコミュニケーションができているかなどをチェックしてください。さらに、吸い上げた内容を受けてLINEやメールで情報発信できているかも、あわせて確認しましょう。

❺は、自社の商品やサービスが、SNS上でどのように語られているかの理解度についてです。＃（以下ユーザータグ）の設計をしてSNSを運用できている企業・店舗は少数ですが、ユーザーの自発的な情報発信を店舗・企業は確認すべきです。例えば、他のSNSで自社の商品やサービスに関する投稿に含まれるユーザータグを見れば、そ

こからユーザーの利用シーンが分かり、集客・販促施策のヒントが得られます。

❻は、LINE公式アカウントの発信で、ユーザーの生の声を含めた情報を届けられているかです。商品についてさまざまな情報を美しくまとめるのが自社サイトの役割だとすると、LINEはお客さまの生の声をリアルに伝える場にするとよいでしょう。

具体的に言うと、リッチメニューから❺で発見したSNSのタグに外部リンクすれば、友だちにオーガニックな口コミを見てもらうことができます。適切なハッシュタグがない場合は、キャンペーンを実施して特定のハッシュタグを付けた投稿を促すことで、ユーザーの生の声をSNS上で増やすことができます。

メッセージ開封率70％！ LINEミニアプリを生かす

——ユーザーとのつながりを強化する上で、LINEの強みを最も発揮しやすいサービスを教えてください。

中根 LINEミニアプリはオススメです。LINEユーザーであれば数タップで利用開始でき、LINE上でさまざまな機能を呼び出せるので、別途アプリをダウンロードする必要はありません。日本でLINEを毎月使っているユーザー数は8,900万人（2021年9月末時点）いるので、設計次第では導入後のアクティブ率もネイティブアプリ（自社アプリ）より期待できますし、顧客にプッシュ通知ができるのも利点です。

——LINEミニアプリの利用をユーザーに促す方法を教えてください。

中根 前職の花王で、カネボウ化粧品のブランドごとに４つのLINEミニアプリを導

［「KANEBO」のLINEミニアプリとアンケート画面］

LINEミニアプリで、通知受け取り時間についてのアンケートを実施。

入した際は、店舗で購入したお客さまに、販売員からLINEミニアプリを訴求しました。店頭で受けられる肌診断の結果をLINEミニアプリ上で見られるほか、以前から運用していたネイティブアプリで好評だった機能を引き継いでいます。

　LINEミニアプリの利用開始時に、「生年月日」「居住エリア」「メッセージ配信の時間」の3項目でアンケートを取ります。ユーザーの回答をもとにLINE公式アカウントからのメッセージ配信を続けた結果、導入後半年の開封率は高いもので70％以上、関連リンクのクリック率は10〜15％前後を記録しました（実績は当時、同社調べ）。

—— 新サービスであるビジネスマネージャー（P.186）に関して、中根さんが考える活用アイデアを教えてください。

中根　複数の衣料品・ウェアブランドを持ち、ブランドごとにLINE公式アカウントを運用しているメーカーを思い浮かべてください。顧客理解を目的に、ユーザーに同じ内容のアンケートをそれぞれのブランドから送ってしまうのは、よくあることです。これはユーザーが煩わしさを感じる典型例ですが、ビジネスマネージャーでは、例えば、LINE公式アカウントで収集したユーザーIDに紐付くアンケート回答データをアップロードしてオーディエンス化し、ビジネスマネージャーで共有することで他のLINE広告の広告アカウントなどで横断的に利用できます。[※] アンケートにユーザーの年齢や家族構成のデータがあれば、例えば、お子さんの小学校の入学準備のタイミングで、別ブランドのLINE公式アカウントから入学祝いに関するメッセージを配信するなど、ライフイベントに合わせたコミュニケーションが実現するかもしれません。

　LINEの法人向けサービスには、次々と新しい機能が追加されます。それらを活用して、クライアントのビジネス成長につながるソリューションを提供していきます。

※ビジネスマネージャーで利用できるデータは、ユーザー許諾取得済みの情報のみとなります。

PROFILE

中根志功 氏
LINE Frontliner ／ Originals&Co. 代表

2001年カネボウ株式会社入社。2014年DMP導入・運用。2016年花王株式会社DMC出向。横断型CRMプロジェクト発足（花王／カネボウ化粧品／花王Gカスターマーケティング）。同年8月カネボウ化粧品『スマイルコネクト』店頭連携アプリとスマホで肌水分が計れる『肌水分センサーデバイス』を開発／導入。OMO_CRMアプリ開発、PM担当。2020年KANEBO、LUNASOL、SENSAIブランド、2021年estブランドLINEミニアプリ開発。現在は花王を退職して、2018年に自身が立ち上げたOriginals&Co.の代表に専念。DXコンサルティング、DX戦略マップ策定、オリジナルCX開発支援などLINEプラットフォームの活用に従事。

LINE Frontliner | 遠藤竜太 × 稲益 仁

CASE 03

LINEでユーザーに提供する、半歩先の販促・購買体験

デジタルマーケティングやECの変化、LINEを活用して販促と購買体験を向上させる方法、さらにはLINEが提供できる価値について、LINE Frontlinerの遠藤竜太氏、稲益仁氏に伺いました。

直近十数年におけるマーケティングとECの進化

── 最初にお二人の経歴と業務領域についてご紹介ください。

遠藤 チャットコマース事業を展開する株式会社ZealsでCOO（最高執行責任者）をしています。チャットボットがユーザーの購買行動を促進したり、チャット内での決済を実現したりするほか、最近はオンライン、オフラインにおける施策の融合などにも取り組んでいます。

稲益 LINEを活用したマーケティング支援を専門に扱うDOTZ株式会社のCEO（最高経営責任者）を務めています。過去にはネット広告代理店で、LINE公式アカウントの導入支援を行っていました。他にもネット広告、マーケティングオートメーション、CRM（顧客関係管理）なども担当してきました。LINEは、認知、購買、サービス利用、CRMまで一気通貫した、いわゆる「フルファネル」のコミュニケーション設計ができるのが大きな強みです。

── お二人が業界で活躍されるこの十数年で、広告やデジタルマーケティング、ECはどう変化しましたか？

稲益 ネット広告でいえば、2000年代は特定の媒体に一定期間掲載するバナーなどの「純広告」が主流でした。しかし、スマートフォンの登場と4G回線の普及で、ユーザーの検索や購買行動が大きく変わりました。2010年代に入ると、通常のコンテンツのような見た目の広告「ネイティブアド」が普及しました。それまでのネット広告は派手で目につく、ユーザーにとってどちらかといえば煩わしかったものが、通常のコンテンツになじむようになったのは大きな変化でした。

遠藤 私が新卒で入社したのはアドテクノロジーの会社で、Web上での行動履歴を

[パルス型消費行動]

24時間すべてが買い物のタイミングであり、空き時間にスマホを操作しながら瞬間的に買いたい気持ちになり、買いたい商品を発見し、その瞬間に買い物を終わらせるという消費行動を指す。

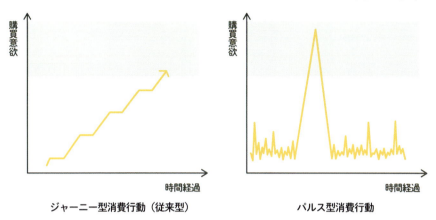

参考　Think with Google（2019）「データから見えた「パルス型」消費行動——瞬間的な購買行動が増えている：買いたくなるを引き出すために：パルス消費を捉えるヒント（2）」
https://www.thinkwithgoogle.com/intl/ja-jp/marketing-strategies/app-and-mobile/shoppersurvey2019-2/

もとにユーザーに合わせて広告を出し分ける手法が加速していたときでした。2020年代に入ると、Cookie規制などによってユーザーの行動履歴を広告に使えなくなり、広告は再び変化の時を迎えています。

　ECに関連したユーザーの行動変化としては、Googleが提唱した「パルス型消費行動」が示すように、従来、想定されていた認知や検討を含むカスタマージャーニーを飛び越えて、欲しい物を見つけたらすぐにスマホで購買行動を起こすタイプの消費が増えています。同時に、ユーザーの趣味嗜好は多様化しており、市場規模は小さくても確実にファンがいるのは、小規模事業者にとって好機といえます。

「半歩先の販促・購買体験」をLINEで実行するために

——新型コロナウイルス（Covid-19）の感染拡大で、従来当たり前とされてきた対面での商品購入やサービス体験などが大きな制限を受けています。こうした変化を経て、今お二人が考える「半歩先の販促・購買体験」について教えてください。

稲益　人々の購買行動が変わり、出かける前に目的のお店や商品を決める「計画購買」が増えています。情報収集の大半はオンラインで行われますから、ユーザーにWeb

［美容系の商品のチャットコマース例］

診断を通じてユーザーの考えをヒアリング。

診断結果とオススメ商品を提案。

離脱したユーザーには後日、プッシュ配信。

で情報を届け、計画購買の選択肢に入れてもらうことが企業・店舗にとって重要です。

そこで、LINEミニアプリをオススメしたいと思います。LINEミニアプリには、ユーザーの購買行動の変化に合わせて、予約機能、テイクアウトの事前オーダー、会員証などの機能が多数用意されています。これらを使いこなすことが、ユーザーにとっての利便性向上という意味でも半歩先の販促・購買につながります。

遠藤 弊社で提供しているチャットコマースも、半歩先の施策だと考えています。例えば、アパレルや美容部員が店舗で行っている丁寧な接客をチャットで提供できれば、ユーザーの商品理解を深められることで購買を促進できます。さらに、決済まで完了できればユーザーの利便性は高まるでしょう。これは単にオンラインで「物を売る」ということではなく、「体験を売る」という意味合いです。

—— 「半歩先の販促・購買体験」を実現するにあたり、LINE公式アカウント、LINE広告をはじめとする法人向けサービスが貢献できるポイントは何でしょうか？

遠藤 LINEは、集客、認知、購買、サービス利用、CRMまでオールインワンのフルファネルでカバーできますが、これは他のアプリやツールにはない大きな強みです。今やLINEは日本の人口の約70％[※]のユーザーが利用するコミュニケーションアプリですから、生活インフラの1つといっても過言ではありません。

200

従来、ユーザーの連絡先は、電話番号やメールアドレスが主流でしたが、これからはLINEのユーザーIDに変わっていくのではないかと思います。LINEは電話やメールよりも利便性が高いですし、決済処理もLINE、商品の発送通知もLINEというように、LINEのユーザーIDをもとにコミュニケーションを集約したほうが、よりよいCX（顧客体験）を提供できるでしょう。

　小さな会社や店舗で、これまでユーザーの連絡先を収集していないというのであれば、これからはLINEでつながってユーザーとやりとりする方向にシフトしたほうがいいと思います。フルファネルのコミュニケーションができるところに、LINEの貢献ポイントがあります。

※ LINEの国内月間アクティブユーザー 8,900万人÷日本の総人口1億2,533万人（令和3年5月1日現在（確定値）総務省統計局）

── LINEで実現可能な「半歩先の販促・購買体験」のアイデアを教えてください。

稲益　今後、弊社で実現したいと考えているのは、LINEで完結するチャットコマースです。ECサイトの会員データとLINEアカウントの連携をすれば、ユーザーはECサイトにアクセスしなくても、LINE上で商品の購入や決済ができます。さらに、購入完了や商品発送の通知もLINEでメッセージ配信できるように、あるクライアント企業様と取り組んでいます。定期購入の仕組みを整え、注文商品の変更や配送の一時休止などの依頼もチャットで完結すれば、ユーザーの利便性は大きく向上します。

　デジタル導入による省人化が進むと、雇用の維持について議論が起こりがちですが、そこも問題ありません。自動化されたチャットで対応できなかった問い合わせは、接客経験のあるスタッフをコールセンターに配置して担当します。店舗で培ったコミュニケーションスキルを生かして、ユーザーのニーズを聞き出して適切に案内できれば、顧客満足度のアップにつながるでしょう。

　もう1つ、「LINEで応募」で取得したレシートデータの活用も、大きな可能性があります。プレゼント応募の際、購買証明となるレシートには、ユーザーがどの店で商品を買ったか、一緒に買った商品は何か、購入金額の総額はいくらか、といったさまざまな情報が含まれています。これらのデータとLINEのユーザーID、さらにアカウント連携でECサイトの会員データと連携できれば、オンライン、オフラインをまたいで、顧客理解を深めることができます。ここまでできている企業は多くありませんが、オンライン、オフラインのデータを融合して、ユーザーの行動を促すようなコミュニケーションができないか考えています。

シームレスな顧客体験を提供する方法

――今後「半歩先の販促・購買体験」を実現するにあたり、企業・店舗がクリアしなければいけない課題はありますか？

稲益 オンライン、オフラインを融合する場合、組織の構造が壁になることがあります。マーケティング部、EC事業部だけでなく、他の部署との連携が必須だからです。例えば、ECと店舗で共通利用できるポイントシステムを作るには、少なくとも店舗運営の部門やシステムを担当するIT部門と調整しなければいけません。

レシートを使った顧客管理でも、担当は営業部門なのか、販促部門なのか決める必要があります。施策の一環でLINEプロモーションスタンプに出稿する場合も、クリエイティブ制作はブランディング部門、実際に配信するのはEC部門というように、組織が大きいほど施策に関わる部署が増えます。また、部門ごとに予算管理をしているので、どこが費用負担するのかなどの課題も出てくるでしょう。

そうした縦割り構造を打破して、施策の実施に向けた調整が成功している企業に共通するのは、経営陣の理解があることです。社長直下の部署やチームを作り、組織を横断してプロジェクトを推進できれば、話が早く進みます。

遠藤 大きな絵を描ける人、そこに向かって推進する人が社内にいるかも大切です。デジタル化を推進し、得られたデータをもとにどのような顧客体験を提供したいのか、機能的な視点だけでなく、中長期にわたるビジョンを描けないと、「半歩先の販促・購買体験」は実現しません。

店舗型のビジネスでも、LINE公式アカウントを作成しただけでは、友だちはいつまで経っても増えないでしょう。まずはLINEでユーザーとつながる意味を理解して、来店した顧客には友だち追加してもらうように声がけを継続してほしいです。基本的なことを実行できるか、それらに率先して取り組める人材を育てられるかどうかが、ビジネス成長の明暗を分けます。

PROFILE

遠藤竜太 氏
LINE Frontliner／株式会社 Zeals 取締役 COO
国内最速の2016年よりチャットボット×マーケティング領域のサービス「チャットコマース Zeals」を開始。加藤浩次を起用したTV CMも放映し、大手企業を中心に400社以上のお客さまにサービス導入。京都大学大学院ヒューマンインターフェース論を修了しており、人と機械のインタラクティブなコミュニケーション設計に精通。現在は"チャットコマースを当たり前に"をテーマにLINEを基軸としたDX提案を実施。

――企業の場合、旗振り役をするのはどういう部門が適任でしょうか？
遠藤 部門間を横断してやりとりをする必要があるので、多部署と連携する機会が多いマーケティング部門、データ戦略室、事業戦略室などが適していると思います。

――アフターコロナの世界で、販促・購買体験はどのような変化を遂げるでしょうか。また、そのときにLINEがどのような価値を持つか、展望をお聞かせください。
稲益 人間は一度便利な生活を覚えると元には戻れません。コロナ禍で定着したリモートワークや飲食のテイクアウトは、ある程度定着すると考えています。同時に、アフターコロナの世界でも、対人の接触を減らしたいと考える人は一定数いると思うので、目的なく外出する、街を歩きながら店を探すという行動も減ると想定しています。そうすると、企業・店舗による事前の情報発信がいっそう重要になるでしょう。

その上で、位置情報を活用したマーケティングも活発になると見込まれます。店舗にビーコンを設置して、半径数百メートルの人に情報を配信するといったアプローチも有効です。ユーザーの行動に合わせ、最適な情報を最適なタイミングで届けるコミュニケーションが主流になりそうです。

遠藤 コロナ禍で、オンラインショッピングを利用する人が増えました。家族の1人が店に商品を見に行って、帰ってきてから家族と相談して、最終的にオンラインで購入するような行動が、今後増えてくると思います。

また、店舗で接客を受けて化粧品を購入した人でも、同じ商品をリピートするのであれば、店舗に行かずともオンラインで購入できたほうが便利です。今後はこのような、オンラインもオフラインも使い分けるような、OMO（Online Merges with Offline：オンライン、オフラインの融合）が定着すると考えています。

LINEは国民的なコミュニケーションプラットフォームですから、OMOの旗振り役になると思いますし、オンライン、オフラインをつなぐ役割をLINEが担うのは自然です。今後、機能拡充もしてサービスがさらに充実していくと思いますので、大いに期待しています。

稲益 仁 氏
LINE Frontliner ／ DOTZ 株式会社 代表取締役社長
2006年大手ネット広告代理店に入社。全国の著名な通販企業を中心に担当。その後にLTVを最大化するためのCRM専門組織を設立し、局長に就任。多くのCRM施策を実行する中で、LINEビジネスコネクト（現LINE公式アカウント）と出会い、その驚異的効果から、CRMソリューションをLINEへ一本化。LINE専門部署を設立し広告取扱高を3年で10倍まで成長させた。2019年12月に同社を退社。2020年11月にLINE専門のマーケティング支援会社であるDOTZ株式会社を設立。

PROFILE

企業のLINE活用｜サントリービール株式会社

CASE 04

撮影して送るだけ！ LINEミニアプリを利用した「ザ・プレミアム・モルツ」のキャンペーン

購入レシートを、スマートフォンで撮影して送信すると参加できる「ザ・プレミアム・モルツ」のキャンペーンでは、LINEミニアプリが利用されています。取り組みの内容や得られた効果、今後の展望を、サントリービール株式会社・宮元尚哉氏に伺いました。

長期間にわたるキャンペーンを戦略的に設計

—— 「ザ・プレミアム・モルツ」ブランドにおけるコミュニケーション戦略や方針、LINE公式アカウントの活用などについて教えてください。

宮元氏　ザ・プレミアム・モルツ（以下プレモル）では、日常生活にプレミアムビールを取り入れることで日常にメリハリをつけて、最高の時間を過ごしてほしいという思いから「ちょっと高級なビールにしようか」というメッセージを、テレビCM、Web、SNSなどを通して伝えています。LINE公式アカウントでは、アルコール類の情報を発信する「おとなサントリー」を2015年から運営しています。現在、2,000万人以上のユーザーに友だち追加いただき、主に酒類の商品について情報を発信しています。

—— プレモルのキャンペーンにLINEミニアプリを導入した経緯を教えてください。

宮元氏　コロナ禍で外出・外食が減っていた当時の環境下、自粛生活にメリハリをつけるために少し贅沢してプレミアムビールを飲みたいという消費者ニーズの高まりを感じました。また、2020年10月の酒税法改正により、ビールカテゴリーは減税となったことがプレモルにとって追い風となる状況で、日常生活に浸透したLINEを活用して効果的にユーザー接点を持ち、プレモルを手に取る新たなきっかけ作りができると考え、LINEを使ったキャンペーンを検討し始めました。

　プレモルのキャンペーンは、LINEミニアプリをプラットフォームにしています。購入商品に貼られているQRコード入りのシールを読み込み、認証を許可するとLINEミニアプリが起動します。LINEミニアプリ上で、ユーザーがプレモルの購入レシー

［キャンペーン応募の流れ］

LINEミニアプリの認証を許可したあと、レシートを撮影し、アンケートに回答すると、ポイントが付与される。※キャンペーン当時の画像

トを撮影して送信すると、レシート内容をOCR（光学文字認識：画像の文字を読み取りデータ化する技術）で判定する仕組みです。商品名が入っていたら、即座にLINE PayやLINEポイントを付与し、LINEから応募完了の通知を送ります。簡単に応募できることが、プレモル購入のハードルを下げると期待していました。

　加えて、週に1回、繰り返し参加できるキャンペーンを長期にわたって実施することで、プレモル購入が習慣化されるのではと考えました。キャンペーンを通して新しいお客さまとつながり、購入頻度を上げていくのも狙いでした。

── キャンペーンの参加を週に1回とした理由、また長期にわたって参加する動機づけはどうしましたか？

宮元氏　もともと週末にご褒美としてプレモルを購入される方が多い傾向があることを顧客調査で把握していたので、週1ペースとしました。その上で、お客さまが楽しみながらキャンペーンに参加し続けられるように、ゲーム性のある仕組みを用意しました。参加するたびにスタンプラリーのようにスタンプがたまり、4つ集めるとLINEポイントが当たる抽選に参加できます。集めたスタンプ数に応じて、ブロンズ、シルバー、ゴールド、プラチナと会員ランクを分けています。会員ランクが上がるほど、付与されるスタンプ数が多くなるので、当選チャンスが広がります。これらを通じて、楽しみながら習慣化いただくことを狙っていました。

LINEミニアプリで画面遷移を最小限に

—— キャンペーンのKPI（重要業績評価指標・目標の達成度合いを測る数値）は何に設定していますか？

宮元氏 キャンペーン全体では、応募のユニークユーザー数（以下UU数）をKPIにしています。代理店から日々の応募総数、累計UU数、流入元、購入日時、エリアなどのレポートを日次・週次でもらっています。同時にユーザーアンケートも実施しているので、クロス集計しながら、どういう方がどのような経緯でキャンペーンに参加しているのか、さまざまな示唆を得ています。

　LINEミニアプリの流入元としていちばん多いのは、おとなサントリーのLINE公式アカウントのリッチメニューです。続いて製品に付けたQRコード入りのシール、LINEのホームタブに追加できるボタンアイコン、その他バナー広告経由です。

—— LINEミニアプリでの応募促進のために工夫していることはありますか？

宮元氏 LINEミニアプリを起動したら、ファーストビューで応募ボタンを表示して迷わないようにするとともに、その後の画面遷移を最小限に抑えています。また、トップページには現在のランクも表示して参加意欲を高めています。

ファーストビューに応募ボタンとランクが表示されている。※キャンペーン当時の画像

—— キャンペーンの成果はどのようなものでしたか？

宮元氏 外部の調査会社と連携してキャンペーンの参加者の属性を調べたところ、8割がこれまで直近1年間、プレモルの購入歴のない新規ユーザーだと分かりました。LINEミニアプリを使った今回のキャンペーンで、これまでリーチできなかった方に働きかけられたと考えています。また、今回のキャンペーンでは20～30代の参加者が多く、業界として課題である若年層の新規獲得という点でも効果がありました。

　キャンペーンの継続参加率も高く、4割以上のユーザーが2回目以降も参加しています。一度参加すると、応募してすぐにポイントが付与されるのでモチベーションがアップし、その後の参加率も自然と高くなるのだと思います。Webサイト上で実施する従来のキャンペーンと比較すると、ユーザーにも情報入力の手間がかからないのもポイントです。

　ユーザーにインタビューしたところ、「最初はお得

という理由で参加したが、毎週応募することでランクが上がり、それが楽しみになった」という声もありました。キャンペーンを通して、継続的にプレモルを飲んでくれる人を増やす狙いもあったので、大変うれしい反応です。

――継続参加のために何か工夫されていますか？
宮元氏 LINE公式アカウントのおとなサントリーから、キャンペーンについてのメッセージを配信して、リマインドしています。新商品の発売などと組み合わせて、情報の鮮度を保ちながら繰り返しお知らせすることで、リピート率を高めています。

――LINEミニアプリで取得したデータを他のLINEサービスに活用することはありますか？
宮元氏 LINEのユーザーIDをもとに、LINEミニアプリを起動しているもののキャンペーンに参加していないユーザーにLINE広告を配信したところ、キャンペーン参加率の向上が見られました。

「おとなサントリー」のLINE公式アカウント。※キャンペーン当時の画像

――今後、LINEをどのように活用したいですか？
宮元氏 LINE公式アカウントでのメッセージ配信の出し分けをしていきたいです。LINE公式アカウントで定期的に実施しているアンケートでは「買い物するときに重視すること」など、その人の価値観を探るような質問をしているので、回答に合わせてメッセージを出し分けたいです。例えば、品質を重視して選ぶ人なのか、お得さを重視して選ぶ人なのかでメッセージを変えることで、一人ひとりに最適な情報をお届けできると考えています。

高度な活用・DX事例

宮元尚哉 氏
サントリービール株式会社 プレミアム戦略部
2006年サントリー入社。中国四国エリアでの小売店営業担当・営業企画、全国広域チェーンの本部営業を経て、2019年から現職。現在は、ザ・プレミアム・モルツブランドのプロモーション全般を担当。主に店頭販促、Web/SNS販促の企画立案を担当。

PROFILE

企業のLINE活用 | 株式会社大丸松坂屋百貨店

CASE 05

LINEによって利用ハードルを下げて急成長！ ファッションのサブスク「AnotherADdress」

株式会社大丸松坂屋百貨店が展開するレディースファッションのサブスクリプションサービス「AnotherADdress」では、LINEのMessaging APIを使ったユーザーとの円滑なコミュニケーションを実現しています。サービスを担当する田端竜也氏、窪川有咲氏にお話を伺いました。

百貨店発、ファッションのサブスクリプション

—— **AnotherADdressはどのようなサービスですか？**

田端氏　月額11,880円（税込）で、ハイブランドの服を3着レンタルできるサブスクリプションサービスです。費用には、送料、クリーニング・修繕費、交換費などがすべて含まれており、レンタルしたアイテムは割引価格で購入することもできます。

　女性全般をターゲットとしており、特に40代前後の都市型のビジネスウーマンがメインユーザーです。ファッションの力を借りて、プレゼン、商談、会食などをもっと自分らしく楽しみたいという方が多いです。

　2021年3月に事前登録を開始し、同4月から正式にサービスを開始しました。利用するには、まずサービスとLINEのID連携、LINE公式アカウントを友だち追加し、続いてAnotherADdressのWebサイトでメールアドレスとパスワードを登録します。その後、プランに申し込みをすると有料会員となり、サービスを利用できます。2021年11月現在、登録者数は5,500人、サービス利用者は700人となっており、新規ユーザーは登録からサービスの利用まで半年ほどお待ちいただいている状況です。

—— **なぜこのサービスを開始したのでしょうか？**

田端氏　北米で5年ほど前からファッションのサブスクリプションサービスが人気で、企画を温めつつ、2年前から準備を開始しました。

　目指したのは、サスティナブルなビジネスモデルです。アパレル業界全体の課題として、大量生産・販売による服の廃棄があるので、その解決策として可能性を感じています。また、経済の低迷でファッションを楽しむ人が減ってしまったので、このサ

[リッチメニューからWebサイトを表示]

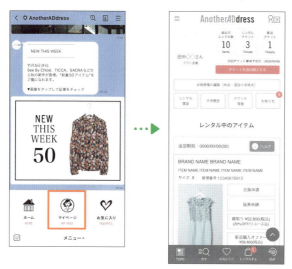

ネイティブアプリと同じ感覚で、「AnotherADdress」のLINE公式アカウントのリッチメニューからWebサイトを利用できる。

ービスを通じておしゃれのハードルを下げて、楽しさを伝えたいです。

「LINE前提」のハードルの低さが功を奏した

—— AnotherADdressは、LINEのMessaging APIを使ってユーザーとやりとりをしています。LINEの利用を前提でサービスを設計した理由は何ですか?

田端氏 2年前に準備を始めたときにユーザーにヒアリングしたところ、LINEでサービスに関する通知が届いても違和感がないということが分かりました。そのため、通知やメッセージのやりとりはすべてLINEで行い、サービスはWebサイトベースで構築することを、初期段階で決定しました。

専用のネイティブアプリを開発することも検討しましたが、OSのアップデート対応が煩雑になりそうで断念しました。また、LINE公式アカウントのリッチメニューからサービスにログインできればユーザーにも便利なため、ネイティブアプリは必要ないと判断しました。実際、サービスサイトのマイページ、商品ページへのアクセスは、6割以上がLINE経由となっています。

窪川氏 サービス利用に関するメッセージは自動配信ですが、ユーザーからの問い合わせは手動で対応しています。現在、有料会員は700人ほどですが、その半分以上の方とLINEチャットでやりとりしています。

―― サービスのKPIは何に設定していますか？

田端氏 LINEのID連携と友だち追加は、無料会員登録と同義なので、その数をKPIにしています。ローンチ当初は1,000人を目標としましたが、わずか半年で5,500人を超え、想定以上の反応に驚きました。集客にあたり広告は一切使っておらず、SNS上のクチコミなどから広がりました。LINEで利用ハードルを下げたことも功を奏したと感じています。

LINE公式アカウントのKPIはメッセージの開封率です。サービスサイト上で導入している他社ツールと連携して、新商品情報や注文情報、返却商品情報などを発信しています。開封率は7割を超えることもあり、サービスへのログインや利用促進していることが分かります。

注文完了・返却期日などのメッセージを、ユーザーに合わせて自動配信している。

チャットを通してユーザーの顔が見える

―― Messaging APIを利用したメッセージでは、どのような配信をしていますか？

田端氏 サービス利用に関する情報全般です。レンタルアイテムの注文完了、返却日前のリマインド、割引購入の案内、返却完了などについて、プッシュ通知で自動配信しています。お客さまからの個別の問い合わせはすべて手動で返信していますが、対応時間外はAI応答メッセージで対応時間を案内しています。

―― お問い合わせのチャットはどのように対応していますか？

窪川氏 サービス開始当初は私が、現在はもう1人を加えて、2人体制で対応しています。当初は、登録後の利用開始時期を明示できていなかったため、月に300件ほど問い合わせがあり、対応するのが大変でした。現在は、主にオーダー変更や集荷時間

PROFILE

田端竜也 氏
株式会社大丸松坂屋百貨店 経営戦略本部 DX 推進部
AnotherADdress 事業責任者

2011年に大丸松坂屋百貨店（J.フロントリテイリング）に入社。売場運営、IT新規事業開発室を経て、2016年から経営戦略統括部に所属。グループのオープンイノベーションの推進者として日米を往復し、スタートアップ投資ならびに事業開発に従事。社内ベンチャーとして「AnotherADdress」を立ち上げ、事業責任者として拡大を推進。明治大学大学院にて経営学修士、マレーシア工科大学大学院にて経営工学修士を取得。

の変更など、サービス利用に関する問い合わせが月130件ほどあります。

LINEチャットでのやりとりになるので、皆さん気軽に質問してくれますし、こちらが「対応しました」と伝えるとお礼や喜びのスタンプを送ってきてくれます。通常のテキストのコミュニケーションよりも、感情が伝わってきますし、お客さまとの距離が近く、フラットなコミュニケーションができています。

田端氏 新規サービスは、通常コールセンターの立ち上げがセットになりますが、本サービスでは用意していません。一応、オフィスに問い合わせ対応の電話がありますが、これまでお客さまからはたったの1件しかかかってきたことがなく、他はすべてLINEチャットでの対応です。コールセンターは、人材配置やマニュアル整備などコストを要しますが、それらもまったくかかっていません。

―― 今後のサービス展開について教えてください。

田端氏 社内では、スタートダッシュがうまくきれていると評価されています。これまでサービスの退会人数は1桁で、率にすると1%程度です。これは、ユーザーからも評価されている証だと思います。

サービス開始時には、「店頭売上に影響を及ぼすのではないか」とブランド側から不安の声もあがりましたが、レンタル商品の買取の仕組みもありますし、サービスを通してブランドを知ってファンになる人もいるので、ファッションの楽しさを伝えるツールとして認知されつつあります。

今後は、会員数3万人、50億円の売上をまず数年かけて達成したいです。モノのサブスクリプションサービスは、メンズファッション、キッズファッション、アウトドアグッズ、家具、アートなど他のジャンルにも大きく拡大する余地があります。

また、サービスを提供していくにあたり、データ分析に力を入れたいです。離脱率、休会率、LTV（顧客生涯価値：1人の顧客が企業にもたらす利益の指標）の分析などを通して、収益を上げるための施策や、お客さまの好みに合わせたパーソナルレコメンドなどを実施していきたいです。

> 高度な活用・DX事例

PROFILE

窪川有咲 氏
株式会社大丸松坂屋百貨店 経営戦略本部 DX推進部
AnotherADdress CRM担当

2013年に大丸松坂屋百貨店（J.フロントリテイリング）に入社。大丸東京店にて自主編集売場（紳士カバン・婦人雑貨）の販売業務を経験後、2015年より同店の広告・Web担当として販売促進・解析に5年間従事。店舗HPのセッション数をグループNo.1まで成長させる。2020年6月より社内立ち上げの公募による選抜を経て、「AnotherADdress」立ち上げメンバーに。CRM担当として、顧客満足度と顧客ロイヤルティ向上を目指す。

> LINE株式会社 | 池端由基

「Life on LINE」
──生活のプラットフォームとして LINEが描く未来

LINEは今後、どう進化していくのでしょうか？ LINE株式会社の執行役員であり、広告・法人事業を担当する池端由基が、LINE広告、LINE公式アカウントをはじめとするLINEの法人向けサービスの強みと、今後の展望について語りました。

LINEの魅力は常にユーザーファーストであること

── これまでの経歴を教えてください。

池端　新卒でネット広告の代理店に入社した後、2013年にLINEに転職し、法人向けサービスの営業担当となりました。当時のLINEはユーザー規模が拡大している最中でしたが、法人向けサービスはLINE公式アカウントだけでした。現在、法人向けサービスの売上はLINE全体の6割を占めていますが、当時は1割程度だったと記憶しています。

2016年頃からLINE広告のサービスを開始することになり、その責任者となりました。その後、大阪や福岡の拠点の立ち上げにも携わりました。当初、広告事業に携わるメンバーは約30名ほどでしたが、現在は500名以上の組織になっています。2020年からLINE広告に限らず、LINE公式アカウントや企業のDX推進など、法人事業全体を統括する立場になり、現在に至ります。

── LINE広告、LINE公式アカウントの強みは何ですか？

池端　LINE広告の最大のメリットは、月間利用者数8,900万人（2021年9月末時点）の全国のLINEユーザーにリーチできることです。しかも、LINEが保有しているデータを活用し、ユーザーの興味や関心、ライフステージを踏まえて最適な情報をお届けできます。

他の広告プラットフォームでもデータを使ったターゲティング機能はありますが、ユーザーが最初に登録した情報をもとに広告が配信され続けるケースも多いです。しかし、LINEは約8割のユーザーに毎日アプリを利用いただいており、ユーザーの日々の変化、興味や関心の移り変わり、行動データなどを学習しながら適切に広告を配信

高度な活用・DX事例

できます。広告であっても、その人にとって意味のある情報を配信できるのは大きな強みです。

　一方、LINE公式アカウントは、先述したようにLINEが初期から提供している法人向けサービスです。友だち追加したユーザーに対してダイレクトにメッセージを配信でき、関係を維持できるという点で、他サービスにない優位性を持っています。コロナ禍において、対面訴求が難しい期間であっても、既存ユーザーとつながり続けること、ブランドを愛し続けてもらうことの大切さを実感した人も多いのではないでしょうか。

　新規ユーザーを獲得できるサービスは他にもありますが、既存ユーザーとつながってコミュニケーションができるのは、LINE公式アカウントならではの特長です。また、LINE公式アカウントでは、セグメントを分けてユーザーに合わせたOne to Oneコミュニケーションも可能です。

　加えて、メッセージ配信だけでなく、機能が拡張したり、他のサービスとの連携が進んだりしていることも、LINE公式アカウントの魅力の1つです。LINEのプラットフォーム上で、企業や店舗のサービスの一部を提供したり、体験したりできるようになりました。具体的には、LINEミニアプリを使った予約、ECなどですが、これらのサービスはユーザー固有のLINE IDで運用管理することで、ユーザー一人ひとりに最適な情報提供ができるようになっています。

―― 法人向けサービスを提供するなかで、印象に残っていることはありますか?

池端 LINEは「ユーザーファースト」をキーワードにして、いかにユーザーに価値のあるサービスを提供できるかを考えています。ある新サービスを企画するときに、社内から「それはユーザーにとっていいことなのか?」「よい体験を提供できるのか?」という指摘があり、結果として開発を止めたことがありました。プラットフォーマーの法人事業部で、これほどユーザー体験を意識して、自分たちのサービスに向き合っているメンバーを誇らしく思います。そして私自身、ユーザー体験を最優先で考える姿勢をLINEに与えられたと感じています。

　もちろん、法人事業部だけでなく、プロダクトチーム、エンジニアリングチームも、ユーザー体験の向上に寄与できているかという観点で、サービスの開発・改善を行っています。社内にユーザー体験の創出に関わるプロフェッショナルがたくさんいて、手を取り合って協力することでよりよいサービスができますし、次のチャレンジにつながっています。

データを基盤に生活を支えるプラットフォームとして

―― LINEは今後、どのように進化していきますか?

池端 LINEは「Life on LINE」という戦略を掲げています。LINEの上に人々の生活があるような、人生をサポートできるインフラとしてのコミュニケーションアプリを目指しています。

　例えば、ある人が区役所に書類を取りに行って、そのあと保険を契約するとき、区役所に出向いたり、保険会社に連絡したりするといった作業が必要です。これらをす

べてLINEを通して実現できればどうでしょうか？ LINEが目指すのは広告プラットフォームではなく"ライフプラットフォーム"で、若い人からお年寄りまでLINEを活用して、生活における利便性向上を実現できればと考えています。

また、データ活用については、ただデータを収集したり、広告配信に使ったりといった一方向なものを目指してはいません。ユーザーの体験をよりよくするために、ユーザー理解を深め、最適な情報をお届けするためにデータを活用していかなければいけないと考えています。最近は企業のDXが注目されていますが、そこでもテクノロジーを活用して、ユーザー体験をいかにアップデートできるかという視点で物事を考える必要があります。

2021年3月に、LINEはYahoo!を傘下に持つZホールディングスと経営統合しました。この統合により、ユーザーとのタッチポイントがさらに広がり、今後、扱うデータ量の増加を見込んでいます。Life on LINEの戦略のもと、広告、マーケティング、DXなど、両社の関係がより強固になってユーザー体験の改善に役立てられると確信しています。

―― 読者の皆さんにメッセージをお願いします。

池端　ユーザー体験の向上に寄与する技術を、誰もが簡単に使えるツールとして提供することが、プラットフォーマーとしてのLINEの使命です。LINE公式アカウント、LINE広告をはじめとした弊社のサービスは、まだまだ大企業向けのツールだと思われているかもしれません。しかし、特に新型コロナウイルスの影響で、既存ユーザーとつながることやデジタル化の重要性を感じている、中小企業や地域のお店など、小規模な事業者の方々にも、ぜひご利用いただきたいです。

本書を読めば、弊社のサービスを明日からでも使えます。さまざまな運用のコツやポイントを掲載しているので、最大限に活用してください。

PROFILE

池端由基
LINE 株式会社 執行役員
広告・法人事業担当

新卒で、株式会社サイバーエージェントへ入社。自社メディアの広告セールスに従事。2013年、LINE株式会社へ入社。広告事業部にてLINE公式アカウントやLINEプロモーションスタンプなどのセールスを担当。2016年6月、運用型広告 LINE広告（旧：LINE Ads Platform）の立ち上げを担当。2018年1月、戦略クライアントへ広告・プロモーションのコンサルティング提案営業を行うエンタープライズビジネス事業部の事業部長、および新設された大阪オフィスの代表も務める。2019年1月、執行役員に就任し、現職。

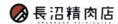

長沼精肉店

`ショッピング・小売店`　`飲食店・レストラン`

埼玉県加須市の創業70年を超える老舗精肉店。牛、豚、鶏、馬と多くの精肉をはじめ、どこか落ち着く田舎の味、優しい味のお惣菜も販売している

目的	オンラインにおけるユーザー接点として、双方向のコミュニケーションを実現したい		
友だちの集め方	・ショップカードの店頭案内や声がけ ・ECサイトやSNSなどで告知		
活用機能	プロフィール、メッセージ配信	運用人数	2名

LINE公式アカウントを友だち追加

LINE公式アカウントの運用・設定方法

▷ プロフィール

01 Webサイトのランディングページ（LP）のイメージで活用。店舗概要や歴史、商品紹介（メニューと金額）、ECサイトへのリンク、クーポン、営業時間などを掲載

02 フローティングバーには「トーク」「LINEコール」「HPリンク」を設置

03 販売している商品メニューなどの紹介についてはプラグイン「コレクション」を使用してリッチに表現

▷ メッセージ配信

01 月に2、3回程度の配信頻度。商品予約の開始を案内することもあり、多くの人が見やすい夕方から21時の時間帯に配信

02 「カードタイプメッセージ」を活用し、ユーザーの見やすさを重視

03 配信する商品写真は一眼レフカメラで撮影したデータの画質やサイズをアプリで調整

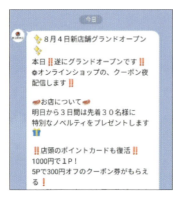

> LINE公式アカウント 使い方カタログ②

A'z hair

`美容・サロン`

大阪府で2店舗を展開。ヘアメニューに加え、まつ毛パーマや着付けも行うトータルビューティーサロン

目的	営業時間などに関するユーザーへの連絡手段として活用したい
友だちの集め方	来店したユーザーへの声がけ
活用機能	メッセージ配信、LINEチャット、リッチメニュー
運用人数	1名

LINE公式アカウントを友だち追加

LINE公式アカウントの運用・設定方法

▷ LINEチャット

01 ヘアスタイルの相談が中心。来店前に事前にヒアリングを行いアドバイスなどを行っている

02 新型コロナウイルスの影響による営業時間変更や感染状況などに関する緊急連絡目的でも活用

03 「LINEチャット」の対応時間は店舗の営業時間に合わせ、営業時間外の連絡は翌日に対応

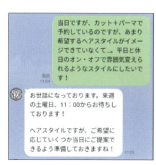

※画像はイメージです。

▷ リッチメニュー

01 6分割のテンプレートで予約やホームページ、ECサイトなどへ誘導

02 ECサイトへのアクセスにはパスワードが求められる会員制として運用。パスワードは「自動応答メッセージ」で表示される仕組みで「パスワードを知りたい方は、LINE公式アカウントを追加」と案内して友だち追加を促進

03 予約ページへの導線設置で、1日に30〜40回ほどかかってきていた電話が今では5〜6回にまで減少

LINE公式アカウント 使い方カタログ③

熊本ラーメン 黒亭

LINE公式
アカウントを
友だち追加

`ショッピング・小売店` `飲食店・レストラン`

熊本県内に4店舗を展開する、昔ながらの手作りで優しい味を守り続けているラーメン店。実店舗のほかECサイトでも商品を販売

目的	店舗集客とオンラインショップの販売促進
友だちの集め方	・店舗の客席に友だち追加のQRコードが記載されたPOPを設置 ・接客時にも直接、声をかけて案内 ・HPなどに友だち追加ボタンを設置 ・新規店舗ではLINE公式アカウントの「友だち追加広告」を活用
活用機能	メッセージ配信、クーポン
運用人数	2名

LINE公式アカウントの運用・設定方法

▷ クーポン

01 友だち追加後に自動配信される「あいさつメッセージ」でトッピングが無料になるクーポンを配信

02 「メッセージ配信」では、月内であれば何度も使用できるバースデークーポンなどを配信しているほか、「カードタイプメッセージ」では、使用可能なクーポンを並べて一覧として見せることで来店に誘導

03 利用ユーザーが多かったクーポンは「リッチメニュー」にも固定で掲載

▷ メッセージ配信

01 10日に1回の頻度で配信

02 クーポン配信を中心に、毎月7日の「黒亭の日」にはメリット訴求、新メニューの告知などにも活用

03 配信管理は本部で一括管理し、前月に配信スケジュールを決定。緊急で営業時間が変更になった際などは各店舗で配信を実施

> LINE公式アカウント 使い方カタログ④

Pixie Lash
ピクシーラッシュ

`美容・サロン`

LINE公式
アカウントを
友だち追加

神奈川県中郡二宮町のアイラッシュサロン。女性のニーズに応えるさまざまなメニューを提供

目的	集客施策として、コスト削減を行いながらユーザーとのコミュニケーションをより深めたい
友だちの集め方	来店時、ショップカードと同時に友だち追加を案内
活用機能	メッセージ配信、ショップカード
運用人数	1名

LINE公式アカウントの運用・設定方法

▷ ショップカード

01 初回から3回目までの来店率を向上するために活用

02 初回来店時は必ず「ショップカード」を案内し、同時に友だち追加を促進

03 初回の発行時に2ポイントを付与し、特典としてメニューのセット割引やオプションが無料になる有効期限3カ月のクーポンを発行。2回目の来店の際にも特典を付与して3回目の来店を促す

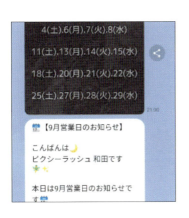

▷ メッセージ配信

01 月に最低1度は一斉配信で当該月の営業時間に関する案内を配信

02 スマホ画面をスクロールしなくても全ての情報が見えるよう意識し、「リッチメッセージ」での画像とテキストの順番で配信

03 一つのメッセージに対して、伝えることは一つに限定。予約誘導の際はチャットを案内

資料URL・ダウンロード

▷ LINE for Business

https://www.linebiz.com/jp/

LINE活用事例やセミナー開催情報、媒体資料のダウンロードなど、企業のLINE活用に役立つ情報を掲載しています。

▷ マニュアル

https://www.linebiz.com/jp/manual/

LINE公式アカウント、LINE広告などの管理画面の操作方法をまとめたオンラインマニュアルです。

▷ LINE広告 審査の基本

https://www.linebiz.com/jp/service/line-ads/review/

LINE広告の出稿前に行われる審査について、その種類や審査状況の確認方法などの情報をまとめています。

▷ LINEマーケットプレイス

https://line-marketplace.com/jp

LINEマーケットプレイスやLINEミニアプリなど、店舗運営のデジタル化に役立つサービス情報を掲載しています。

索引

アルファベット

A/Bテスト	174
AI応答メッセージ	095
ID連携	182, 184, 208
LIFF	184
LINE	016
LINE Ad Manager	031
LINE Official Account Manager	031
LINE STAFF START	143
LINE Tag	176, 178
LINE URLスキーム	111
LINE VOOM	066
LINE広告	022
LINE広告サポート	181
LINE広告審査ガイドライン	069
LINE広告ネットワーク	122
LINE公式アカウント	020
LINEコール	106
LINEチャット	088, 108, 144
応答時間	097
ステータス	102
送信	090
タグ	152
定型文	100
ノート	152
表示名	152
LINEチラシ	147
LINEで応募	201
LINEビジネスID	030
LINEマーケットプレイス	118
LINEミニアプリ	112
アンケート	196
会員証・予約	150
個別開発	184, 204
順番待ち・呼び出し	116
テイクアウト・デリバリー	114
テーブルオーダー	112
LINEログイン	182
Messaging API	094, 208
Web版管理画面	028, 030

あ

あいさつメッセージ	046
アカウント満足度調査	168
位置情報	110
インプレッション	180
応答メッセージ	092
オーディエンス	156
オーディエンスサイズ	162
オーディエンス配信	160
おすすめ	032

か

カードタイプメッセージ	140
パーソン	142
管理アプリ	028
管理画面	028, 030
キーワード	092
キャンペーン	074
ウェブサイトコンバージョン	080
ウェブサイトへのアクセス	076
クーポン	051, 130
シェア	132
抽選	135
分析	134
クリエイティブ	079
グループ	124
権限	042
広告アカウント	071, 073
広告グループ	075
ターゲット設定	076, 080
広告の作成	078

資料URL・ダウンロード／索引

顧客理解	194	ビジネスマネージャー	186, 197
コンバージョン	176	プレミアムID	040
		ブロック	172
		プロフィール	044
さ		分析	170
サービスメッセージ	115, 151	友だち	172
自動入札	083	ポスター	059
除外オーディエンス	075		
初期設定	190		
ショップカード	148	**ま**	
審査	069	未認証アカウント	038
推定オーディエンス	180	メッセージ通数	034
ステータスバー	099	メッセージ配信	048, 108, 144
ステータスメッセージ	039, 044	あいさつメッセージ	046
ステップ配信	164	オーディエンス	156
スマートチャット	095	属性	154
属性	154	配信数	158
		配信予約	054
た			
ターゲットリーチ	154	**や**	
チャットコマース	200	有償ノベルティ	059
通知	097		
使い分け	026	**ら**	
友だち追加	072	リーチ	180
友だち追加広告	064	リサーチ	084, 166
友だち追加ボタン	062, 191	リターゲティング	160, 178
		リッチビデオメッセージ	138
な		リッチメッセージ	104
認証済アカウント	038, 126	リッチメニュー	056, 146
認定パートナー	120	画像を作成	128
		料金プラン	034, 036
は		類似配信	162
配信カレンダー	054		
配信面	122		
バッジ	038		
ビジネスアカウント	030		

※「みなしデータ」(オーディエンスデータ)はLINEファミリーサービスにおいて、LINEユーザーが登録した性別、年代、エリア情報とそれらのユーザーの行動履歴（スタンプ購入履歴、LINE公式アカウントの友だち登録履歴など）、LINE内コンテンツの閲覧傾向やLINE内の広告接触情報をもとに分類した「みなし属性」および、実購買の発生した購買場所を「購買経験」として個人を特定しない形で参考としているものです（「みなし属性」には携帯キャリア・OSは含まない）。「みなし属性」とは、ユーザーが「LINE」上で購入・使用したスタンプや興味のあるコンテンツのほか、どのようなLINE公式アカウントと友だちになっているかといった傾向をもとに分析（電話番号、メールアドレス、アドレス帳、トーク内容等の機微情報は含まない）したものです。なお、属性情報の推定は統計的に実施され、特定の個人の識別は行っておりません。また、特定の個人を識別可能な情報の第三者（広告主等）の提供は実施しておりません。

本書のご感想をぜひお寄せください

https://book.impress.co.jp/books/1121101033

読者登録サービス

アンケート回答者の中から、抽選で 図書カード（1,000円分）などを毎月プレゼント。当選は賞品の発送をもって代えさせていただきます。
※プレゼントの賞品は変更になる場合があります。

STAFF LIST

執筆協力	深谷 歩（株式会社 深谷歩事務所）
カバー・本文デザイン	松本 歩（細山田デザイン事務所）
本文イラスト	加納徳博
イントロダクションイラスト	小野寺美穂・柴山由香（LA BOUSSOLE,LLC）
写真撮影	蔭山一広（panorama house）
デザイン制作室	今津幸弘（imazu@impress.co.jp）
	鈴木 薫（suzu-kao@impress.co.jp）
DTP	町田有美
制作担当デスク	柏倉真理子（kasiwa-m@impress.co.jp）
編集	佐川莉央（sagawa-r@impress.co.jp）
編集長	小渕隆和（obuchi@impress.co.jp）

■商品に関する問い合わせ先

このたびは弊社商品をご購入いただきありがとうございます。本書の内容などに関するお問い合わせは、下記のURLまたは二次元バーコードにある問い合わせフォームからお送りください。

https://book.impress.co.jp/info/

上記フォームがご利用いただけない場合のメールでの問い合わせ先
info@impress.co.jp
※お問い合わせの際は、書名、ISBN、お名前、お電話番号、メールアドレスに加えて、「該当するページ」と「具体的なご質問内容」「お使いの動作環境」を必ずご明記ください。なお、本書の範囲を超えるご質問にはお答えできないのでご了承ください。

- 電話やFAXでのご質問には対応しておりません。また、封書でのお問い合わせは回答までに日数をいただく場合があります。あらかじめご了承ください。
- インプレスブックスの本書情報ページ https://book.impress.co.jp/books/1121101033 では、本書のサポート情報や正誤表・訂正情報などを提供しています。あわせてご確認ください。
- 本書の奥付に記載されている初版発行日から3年が経過した場合、もしくは本書で紹介している製品やサービスについて提供会社によるサポートが終了した場合はご質問にお答えできない場合があります。

■落丁・乱丁本などのお問い合わせ先

FAX：03-6837-5023
service@impress.co.jp
- 古書店で購入されたものについてはお取り替えできません。

はじめてでもできる！
LINEビジネス活用公式ガイド

2021年12月21日　初版発行
2022年9月11日　第1版第4刷発行

著　者	LINE株式会社
発行人	小川 亨
編集人	高橋隆志
発行所	株式会社インプレス
	〒101-0051　東京都千代田区神田神保町一丁目105番地
	ホームページ　https://book.impress.co.jp/
印刷所	株式会社広済堂ネクスト

本書は著作権法上の保護を受けています。本書の一部あるいは全部について（ソフトウェア及びプログラムを含む）、株式会社インプレスから文書による許諾を得ずに、いかなる方法においても無断で複写、複製することは禁じられています。

©LINE Corporation
ISBN978-4-295-01304-4 C3055
Printed in Japan